行为心理学

华生的实用心理学课

（美）约翰·华生 著
倪彩 编译

中国纺织出版社

内 容 提 要

美国心理学会主席约翰·华生是行为主义心理学的创始人，他主张用客观的方法研究人类的行为，从而预测和控制有机体的行为。本书是华生经典著作的普及本，凝结了华生的思想精华，以通俗易懂的叙述方式，介绍了行为心理学的起源、发展，以及行为心理的各种表达方式。无论是初次接触行为心理学的读者，还是心理学业内人士，都能够更加清晰地了解行为主义的本质，获得不小的益处。

图书在版编目（CIP）数据

行为心理学：华生的实用心理学课 /（美）约翰·华生著.倪彩编译. —北京：中国纺织出版社，2019.8

ISBN 978-7-5180-5945-4

Ⅰ.①行… Ⅱ.①约… ②倪… Ⅲ.①行为主义—心理学 Ⅳ.①B84-063

中国版本图书馆CIP数据核字（2019）第024047号

策划编辑：郝珊珊　　责任印制：储志伟

中国纺织出版社出版发行

地址：北京市朝阳区百子湾东里A407号楼　邮政编码：100124

销售电话：010—67004422　传真：010—87155801

http：//www.c-textilep.com

E-mail：faxing@c-textilep.com

中国纺织出版社天猫旗舰店

官方微博http：//weibo.com/2119887771

北京玺诚印务有限公司印刷　各地新华书店经销

2019年8月第1版第1次印刷

开本：710×1000　1/16　印张：14.5

字数：232千字　定价：45.00元

目录‖

第1章

行为心理学：打破主观的心理学观念

意义只是一种告诉个体他正在做什么的方式。

——约翰·华生

传统心理学采用内省的方法，研究变幻莫测的意识。行为心理学则不同，它提倡用客观行为观察的实验法，对能够直接反映人意识的行为本身进行研究，就是那些看得见、摸得着的特征。了解行为心理学的基本概念，有助于我们打破旧的心理学观念，彻底抛弃以意识为研究主导的思维模式。

01. 人的行为是受到刺激的反应

我们在生活中经常会看到这样的情景：

夜幕降临，当灯光照射在人的脸上时，人的瞳孔会发生收缩反应；一旦灯光消失，瞳孔又会重新放大。在安静的房间里，如果突然有东西掉落在地上发出巨大的声响，屋里的人或多或少都会受到惊吓，并会左顾右盼，试图了解发生了什么。当房间里有难闻的气味袭来时，屋里的人都会捂住鼻子往外跑，呼吸一下新鲜空气。当室内的温度升高，房间里的人就会冒汗，并把外衣脱掉。若是温度突然降低，房间里的人又会发抖，依靠拥抱来取暖。

人的体内也有许多部位会因刺激而产生作用：长时间没有进食，胃部的肌肉会出现规律的收缩，一旦被食物填满，这种收缩就会停止。人体的肌肉除了受到血液的刺激，还会受制于自身的张力：张力的大小和肌肉与躯体的活力呈正比关系。

作为有机体，动物和人类会不断受到外界环境客体、身体内部组织变化带来的刺激。只不过，我们身体内部组织的影响力，并不会因为无法亲眼看到而比外部客体造成的影响更神秘，两者之间没有太大的不同。

人体除了感觉器官以外，还包括整个肌肉系统，如横纹肌、非横纹肌。在人类的行为方面，它们的作用不容小觑，既是反应器管，也是感觉器官。人类大部分的反应，都是在横纹肌和内脏组织的变化所引起的刺激上产生的。

关注人类成长过程的行为会发现，虽然有很多刺激都可能让新生儿产生反应，但也有不少刺激对他们是无效的。比如，把蜡笔画或是贝多芬的交响乐普拿给新生儿看，他们不会作出任何反应。接下来，我会跟大家一起探讨：在通常情况下，哪些刺激不会引起反应，哪些刺激可以引起反应？对于那些能够引起反应的刺激，我们将其称之为“条件反射”。

人的一生中，时时刻刻都在感受内在或外在的刺激，一旦有机体受到刺激就会产生反应，并采取相应的行动。这些反应可能会很强烈，能够用肉眼观察到，如手臂、大腿、躯干的运动；也可能很微弱，如呼吸的变化、血压的升降，必须借助相关的仪器才能检测到。

在多数情况下，为了与刺激所带来的反应相适应，有机体会本能地作出反应，如用运动的方式改变自身的生理状态，抵消刺激的作用。这样说可能比较晦涩，我们不妨举一些例子。

当人觉得腹内空空时，胃部的肌肉会产生收缩，让我们感觉不舒服，迫不及待地去寻找吃的。此时，我们惊喜地发现冰箱里还有剩余的面包和奶酪，就会大快朵颐。吃饱之后，胃部肌肉的收缩停止了，就算大街上摆放着各种各样吸引人眼球的美食，我们也不会再想吃东西。寒风凛冽的冬日，走在大街上的我们被冻得瑟瑟发抖，就会不自觉地加快脚步，或是找一个能够遮风取暖的地方休息片刻。当我们醉酒之后，脾胃为了保护自己不受伤害，会迫使我们把酒吐出去。

上述这些现象，都是有机体为了与刺激相适应、免受伤害而作出的本能反应。

行为心理学如此看重刺激—反应，并进行深入的研究，让一些心理学家们产生了不满。他们认为：行为心理学家的兴趣是记录肌肉的反应，并进行观察和总结，但这些对于心理学的研究没有实际意义。

在此，我想声明一点：行为心理学家关注的重点是整个人类的行为，而不仅仅是肌肉反应。在进行有针对性的研究分析时，行为心理学家会观察一个人完成工作时的状态。他们对反应的研究无非是想明晰地告诉人们：一个人此时此刻正在做什么，以及他这么做的原因。那些把行为心理学单纯视为研究肌肉反应的心理学家，才是真正曲解了行为心理学，这实在令人难忍。

02. 依照行为心理学研究社会现象

在对社会发展进行实验时，有两种情境是我们经常会碰到的：

情境1：当社会情形十分糟糕时，要怎么做才能让自己摆脱困境？

事实上，绝大多数人都会盲目地采取行动，而在采取行动前，还会给自己这样的心理暗示：在这样的形势下，我的做法未必能保证顺利地解决问题，可起码会比现在的境遇要好。实际上，这完全是对社会实验会引发何种反应一无所知，继而作出的应激行为。

情境2：想让某个特定的群体，做某件特定的事，应该用什么样的方式才能实现这一目的？

第一个社会实验是不知道反应是什么；而第二个社会实验与之不同，它之所以操纵刺激，不是为了看即将会发生什么情况，而是为了看刺激能否引起特定的反应。

两者有什么不同呢？我们可以通过举例来说明一下。

第一种社会实验，在生活中比比皆是，人们很难预料到它的结果。战争是一个最典型的例子，当一个国家爆发战争时，国内和国际会发生什么样的反应？谁都很难说清楚。

应对社会窘况也属于这一种，很多时候人们会盲目地采取一些举措。酒吧给美国社会带来了不少负面影响，酗酒让家暴问题频发，政府为了保护妇女权益，实施了禁酒令。然而，这个政策的实施会带来什么样的社会反应，我们是难以预测的。政府希望通过禁酒的方式降低犯罪率，减少婚外情，可对于那些对人类罪性和地域文化充满热情的学者来说，虽然他们无法预言会发生什么，但他们非常清楚，禁酒无法降低犯罪率。

禁酒令的出台，致使私酒买卖猖獗，贩卖私酒让不少人赚得盆满钵盈，而酒贩子的智商也日益见长：有人把福特汽车的中间掏空用来藏酒，有人用婴儿车偷运酒，还有人在家里藏酒的地方安装假门。禁酒令带来的社会问题相当严重，一张禁令根本无法消除人们对喝酒的欲望，正规市场被禁止了，地下黑市却得到了迅猛的发展。更糟糕的是，禁酒令的颁布让黑社会多了一条财路，靠着私酒贸易牟取暴利，美国的黑社会势力日益壮大。与此同时，警察的腐败程度日益增加，犯罪率不断上升。

禁酒令没有像预期中那样，升华社会环境和国民情操，反而让不少公民铤而走险，因参与酒的走私而被枪杀，还有人因酒精中毒身亡，凶杀案屡见不鲜。

禁酒令颁布十年后，大量的美国人开始呼吁解除禁令。当时，美国正处于经济危机中，全国上下人心惶惶，美国人希望能借助酒来缓解焦虑和压抑，唤起他们对生活的热情，希望低迷的经济能够通过重启酿酒业、售酒业实现复苏。从最后的社会现状来看，禁酒不过就是一场闹剧，是对社会现实的盲目操纵。

上述例子就是第一种社会实验激起的状况，这些状况的初衷都是为了让糟糕的境遇得以改变。然而因为没有清晰的想要实现的目标和反应，行动完全是盲目的、随意的，所以没有任何的逻辑性可言，结果自然也就不尽如人意。

第二种社会实验，就是已知反应且被社会认可，在这样的条件下，怎样做才能让刺激所引发的反应导向刺激本身？这个过程需要建立一系列的刺激方案，并严谨有序地进行检测。通常能够被人们接受的反应包括：婚姻的和谐、未婚者的克制、符合传统文化要求的积极行为。为了实现这些既定的反应，人们需要对刺激源进行过滤，筛选出有效的刺激方案，以此达成目的。

试想一下：行为心理学家通过“刺激—反应”理论来解决社会问题，在刺激所引发的反应中，积累大量的数据资料，再从引起已知反应的刺激中建立刺激源的数据。有了这套数据资料，行为心理学家的研究必定会对社会发展产生巨大的影响。

行为心理学家相信，科学地依照“刺激—反应”理论去研究社会现象，对社会现象进行理性分析，并以此为基础创立社会学的结构和知识，才是真正的社会学。

03. 建立自己的实用心理学标准

我们深入地探讨了行为心理学在研究“刺激—反应”问题上的方法，但这只限于实验范畴，在现实生活中，我们能否通过观察人的行为反应，来建立一套专属的实用心理学标准呢？

答案是肯定的。事实上，每一个能够照顾自己的人，都已经具备了一定程度的观察能力，且还掌握了一定的心理学知识，哪怕这种知识不是每个人都能用心理术语表达出来，但就其应用实质来说，和心理学差不多。

如果一个人不具备这样的观察能力，他无法在社会上存活。如果善于观察的人再多一点细心，他对别人和自己的观察越透彻，就越容易建立和谐的人际关系，这也是幸福生活的核心。这可以理解为对心理学的实践，故而可将其称为“实践心理学”。

上个星期，有一个对生活充满沮丧的人邀请我为他做一次心理辅导。

几天之前，他参加了一项远超过自身承受能力的健身运动，感觉浑身疼痛难忍，就像即将分娩的妇人一样不断发出痛苦的呻吟声，同时抱怨最近发生的一堆烦心事。我试着用语言帮他放松：“请慢慢放松你的手臂和腿，做完该做的事情之后，去洗一个热水澡，一切都能恢复成原样。”

听完我的话，他开始吃早餐，心里也轻松了许多。吃完饭后，我们去赶火车，结果晚了十几秒，错过了那一班车。他顿时火冒三丈，抱怨的声音像火药一般在我耳边狂轰滥炸：“那么长的时间，从来没有准点过，偏偏今天准点。”他像个孩子一样发泄着坏情绪，谁都看得出来，他的心情跌到了谷底。

因为这件不起眼的小事，他让自己陷入了焦躁与愤怒中，可见平日里的他活得多么焦灼。看着眼前的他，我只好向他发出警告：“你要注意自己待人接物的态度，如果你经常朝身边的人发脾气，不但会伤害别人的感情，也会令原本美好的一天变得糟糕。”

于是，他开始试着平复自己的情绪。最后，在进入办公室的那一瞬间，他面带微笑地与人打招呼，接着就开始忙自己的事情，逐渐沉浸在自己熟悉的技术世界里。

我对他一整天的生活状态进行了观察，基本上已经了解他了，也确信自己有能力帮助他扭转现状。如果我有足够的时间陪伴他，和他一起度过整个工作日，并参与到他的家庭生活中，那么用不了多久，他的生活状态就能得到改善。我不需要让他采取内省，或是对自己的行为进行心理分析，单单凭借观察，我就能够了解他的个性、家庭状况、事业状况以及人际关系，并且获悉知道他在生活中的哪个方面处理得不够恰当。

对行为心理学家而言，只要遵循相应的原则，在某些方面锤炼他人，可能只需要几个星期，或是一两个月，就能够帮他焕然一新。行为心理学家坚信，心理学不仅仅能用来研究变幻莫测的意识，还可以真正融入到每个人的生命中去，对其产生深刻的影响。

有些读者可能会觉得言过其实，没关系，我们不妨抱着尝试的心态，让它逐渐与自己的生活相融合。在学习砌砖头的时候，没有人会拿自己的房子做实验。因此，在用心理学改变自己的生活之初，你需要不断地去观察和分析他人的行为心理，并以此作为参考。如果你希望获得更深入、更系统的观察力和行动力，就要把平日里观察到的现象进行归纳积累，隐讳地表达出来，以达到相应的认知水平，让自己印象更深。

如果你这样表述："这个人是我见到过的最冷静的人，他一直不愠不火的，语气平和，我今后能否像他一样呢？"这种内隐的语言，即"我也想成为这样的人"，对你形成了间接的暗示，在今后的生活中，会不知不觉地影响你的行为，直至你真的成为这样的人。

我们主张通过观察，让自己有能力对事物进行辨别，对人物进行监察，并形成自己的标准。但是，这不等于要废弃格言。格言是历史上代代相传，经过多次锤炼后形成的社会实践语录。之所以强调要培养观察力，是因为自己观察到的东西更容易内化、合理化，盲目接受外界的资料容易让思维变得僵化。而对于格言这种集体社会实验的总结，我们不必排斥，只要通过自己的观察、分析，对这些格言进行充分的检验，就能将其内化、合理化。

04. 行为心理学应当成为一门学科

为了帮助大家更好地理解我的观点，我在书中引用了大量翔实的实验资料。虽然有些东西可能暂时未得到理解和接受，但它们定会引发你们的深入思考，而我的观点也将会在日后得到完善。我想说明的是：当一种独立、有趣、有价值的心理学科存在时，从某种程度上来说，必然会为我们探索人类生活铺垫道路。

在我看来，行为心理学应当成为一门学科，健全的生活不能缺少这一根基。每个人在理解自己的行为时都有一个核心原则，而行为心理学为理解这一原则奠定了基础。所有人都应当因此期盼重新安排自己的生活，尤其是为孩子的健康发展奠定基石。

每一个可爱的孩子，都应当平安健康地长大，如果我们能够通过自己的努力对他们进行塑造，并为其提供一个锻炼其组织的世界——这个世界，不被千年民间传说绑架，也没有耻辱的政治历史的阻碍，更没有愚昧的、无用的风俗的束缚。

我并不是要求大家改革，也不是让大家到某个地方形成一个殖民地，在那里过赤身裸体的公有制生活，或是回归到吃树根、草本植物的原始时代。我只是希望努力，带你们追逐一种言语的刺激，如果这种刺激能够发挥作用，这个世界就会逐渐被改变。当世界改变了，我们在培养孩子时，就不会再满足于奴隶获得的自由，而是更加关注难以言表的、知之甚少的行为心理学自由。我想，这些孩子可以按照次序，用更好的思维模式和生活方式，重新构建这个社会。他们会按照顺序，用更完善的方法去培养自己的孩子，直至这个世界变得更加宜居。

05. 意识只是灵魂的另一种说法

把传统心理学和行为心理学进行对比，会发现两者之间的不同点在于：传统学派认为心理学最关键的研究课题是人的意识，而行为心理学却认为心理学最重要的研究课题是人类的行为和活动。行为心理学认为，意识的概念就跟古人说的“灵魂”一样，只是换了一种表述方式，既无法界定，也没什么用处。因此，行为心理学认为，传统心理学是一种被心灵体验所束缚的宗教哲学。

在讨论行为心理学之前，我们不妨先回顾一下有关传统心理学的一些内容。

灵魂和超自然的观念很早以前就出现了，时间久到已经很难找到其根源，没有人能说出清楚它们究竟是怎样产生的。有人认为，这可能是一些人在懒散的状态下幻想出来的。在远古时代，有一群不愿意和同类出去劳作的人，他们不狩猎，也不参与其他活动，这让他们有了大量的时间去观察同类。在他们敏锐的观察之下，人类的本质就被慢慢揭开了。

他们观察到，同类会对自然界中的一些声音感到恐慌，比如雷声、轰鸣声，或是与常态不符的声音。当这些声音出现时，同类会作出尖叫、躲避、停止劳作等恐惧反应。久而久之，人们就形成了条件反射，当环境的刺激作用出现时，他们就会采用相应的行为来保护自己。无所事事的人有了这个重大发现后，就开始利用同类的这种恐惧心理，设计一些手段让大家害怕，试图控制他们的行为。

我们在生活中也经常会看到这样的做法。有些家长为了让孩子安静下来，就在电闪雷鸣的夜晚对孩子说，在这样的夜晚，外面可能会有抓小孩的强盗出没。孩子听到后，非常害怕，自然就会安静下来。

远古时代，有些智力较高的人也会用这样的方式达成自己的目的，他们借助“符号”“象征”“仪式”等工具，掌控那些智力低下的粗人，巫医就是一个典型的代表。他们通过帮别人占卜、解梦、预言、规划，获得丰厚的报酬。其实，他们付出的劳作微乎其微。那些占星家、预言家、解梦家，用的也是同样的方式。

时代不断进步，巫医间的组织者随之诞生，他们才智突出，是众人的头领，紧接着，宗教、教会、寺庙、教堂应运而生。现如今，这些巫医依然存在，并借助各式各样的名号行骗。

仔细研究人类心理史会发现，人的许多行为都是被恐惧的刺激操纵的，而不是自愿的。一旦离开了恐惧的要素，宗教也就不复存在了。当然，不能因此就说宗教是恐惧的产物，它的最终目的是为了释放人的恐惧，解救人的灵魂。比如教会，在纠结恐惧的过程中，信奉上帝的人们首先要认 识“罪孽”“邪恶”“原罪”等概念，在这个群体之中，牧师饰演着管家的角色，在管家之上是上帝，也就是最高组织，即所有信徒们的首领。

基于这样的历史沉淀，我们每个人都有一个能够与躯体相分离的灵魂，这个灵魂曾经是上帝的一部分。这一概念促生了哲学上的一个观点，即“二元论”——身心分离。换句话说，我们有着与身体相独立的灵魂部分。传统心理学的基础就是二元论，谁怀疑灵魂的存在，谁就会被扣上异教徒的帽子。在远古时代，如果出现这样的行为就会被判处死刑。哪怕是在当今这个时代，多数人依然赞同这个观点。

文艺复兴时期，自然科学发展迅猛，此时的人们不再把灵魂的话题纳入天体力学、天文学、万有引力等范畴中。在历史的发展进程中，一部分自然科学摆脱了灵魂问题，可是心理学、哲学却依然在漫长的历史中思考着非物质对象，在阐述理论时也很难舍弃宗教语言。直到19世纪后期，心灵和灵魂概念对心理学的影响才逐渐淡化。

心理学的发展历经多年，由于其研究对象的复杂性和不确定性，在很长的一段时期里，它都没有被认可，也没有独立的地位。随着工业的发展和科学技术的进步，人类的生活条件越来越好，希望心理学独立的人也越来越多。

第一个提出心理学是一门科学的人是赫尔巴特，可他不太赞同用实验的方法研究心理学。费希纳为了辩护自己的哲学观点，对心理现象进行了物理学方面的测试，让实验心理学有了一个比较好的开端，但他测试的目的并不是创立心理学学科。

1879年，冯特建立了世界上第一个专门针对心理学研究的实验室，这让心理学研究有了质的飞跃。冯特用实验法建立了新的实验心理学体系，让心理学正式宣告独立。冯特的一位学生曾经感叹：舍弃了灵魂，心理学至少成了一门科学。不过，这50多年来，冯特鼓吹的伪科学被我们维护得很好，因为从他和其学生们所做的一切不难觉察到，灵魂的概念不过是被新的意识概念替换了而已。

06. 力求打破主观的行为心理学

传统心理学是无法自圆其说的，正因为此，行为心理学家决定放弃对心理意识的研究，不再去琢磨那些飘忽不定的东西和难以统一的各种论断。不然的话，心理学将会永远站在自然科学的门外。

在当今时代，医学、化学、物理学都取得了空前的进步，其中不少科学家都名声在外，唯独心理学一直在原地踏步。在上述这些成绩卓著的领域中，科学家在实验室里的每一项成就的性质都很重要：他们从实验室里剥离出来的每一个要素，都能够在其他实验室里以同样的方式剥离，且这些要素都遵循着科学的脉络，能被直接解决掉。比如，我们熟悉的镭、胰岛素、甲状腺素等发现，在相同性质的实验条件下，它们都能够被提取，且提取方法清晰明了。恰恰是这种严谨的、客观的实验方法，有力地推动着人类社会的发展。

鉴于此，行为心理学家认为，再让传统心理学对意识的研究成为常态是不可取的，必须来一次彻底的革命。他们面临的第一个难题就是，统一研究课题和研究方法上。在研究了中世纪以来心理学界提出的所有概念后，提出自己的心理学研究公式。研究者必须要保持科学的、客观的立场，彻底消除所有从主观立场出发的术语，如“感觉”“知觉”“意象”“愿望”“意念”“情绪”“思维”等。

07. 行为心理学家的研究纲领

行为心理学家有一个疑问：之前在研究心理学时，关注点一直放在无法被客观观察的事物上，这让观察者本身对意识的捕捉心有余而力不足，使实验的过程缺乏客观性，实验的结论也经不起检验。既然如此，我们为何不换一个角度，从难以捕捉和分析的意识上抽离出来，直接观摩客观的行为呢？我们为什么要去研究分析那些缺乏客观性、规律性的意识，而不去阐释客观行为的规律呢？之前付出了大量的努力，得出了什么结果呢？我们唯一能够观察到的只有有机体的言行。尽管语言活动是思维外显的呈现，但思维本身也是内隐的语言，也属于客观行为。

行为心理学家提出，要用“刺激—反应”的公式去解释人类所有的行为活动。

刺激，是指一般环境中的任何客体对主体施加的影响力，或是主体自身的生理在组织内发生的变化。比如，我们可以批评一些好吃懒做的人，也可以不让一些人吃东西，或是对一些人的错误行为进行相应的惩罚。对于这些人来说，我们施加的影响力就是对客体的刺激。

那么，何谓反应呢？

事实上，动物所作出的一切活动都可以称之为反应。趋利避害是一种反应，遭受突然的变故而惊慌失措，也是一种反应，甚至读书、倾听、成家立业、筹备工作等都属于反应。总而言之， 行为本身就是反应。因此，行为心理学的研究纲领，就是通过“刺激—反应”理论，观察、研究、解释、归类人的所有行为。

08. 行为主义与心理学、生理学

当行为心理学家提出自己对心理学的看法后，有些人反驳说："通过研究行为的方法去研究人的心理的确有意义，可这只是心理学的一部分，还有不少问题都被忽视了。一个人不可能没有感觉和知觉，也不可能不会忘记一些事；那些看到过的、听到过的东西，肯定会给人带去视觉和听觉上的刺激；人对某些事物的记忆和情感，不只是生理上的一些物理或化学反应；一个人能否从现实出发，决定做不做一些事？这是不是意味着，我们与其相信这些感受是真实的，倒不如在行为心理学的影响下接受它们是虚假的？这简直太荒谬了，行为心理学家正在大张旗鼓地宣扬自己的立场，试图把人类社会的一切感情、记忆以及信仰的真实性全部打破。"

这些质疑和观点，就如我们所了解的那样，正是内省心理学产生的源头。转了一大圈后，你们最终会发现，如果不把这些从主观感受出发的心理学术语彻底摒弃，我们很难站在行为心理学的立场，对行为背后的心理活动进行解释说明。

不能往旧瓶子里装新酒，毕竟一旦旧瓶子坏了，新酒就会洒，我们得为新酒准备一个新瓶子。我希望你们在接受行为心理学的观点之前，把那些曾经根植于思维中的观点完全舍弃，降低自然对抗性，这样会更容易接受行为心理学的观点，也方便日后自然而然地使用行为心理学的观点，来解释那些曾经无法用传统心理学说明的问题。事实上，许多人压根都不知道自己惯用的那些心理学术语到底是什么意思，可在接受了行为心理学的观点之后，就会发现这些术语经常会让它们的信奉者进退两难，甚至不知道该说什么。不过，这些术语早已经深深渗透进了社会生活和传统文化中，不是那么容易忘记，但我希望，你们能在接下来的共进中努力把它们抛诸脑后。

在心理学研究中，内省法并不简单，也不是水到渠成的，甚至根本就是行不通的。这种方法制造了一个漩涡，让研究者深陷其中，不停地打转，却找不到出口。其实，人的基本反应形式才是我们可以直观发现的。从行为心理学的角度出发，观察生活中的事物，比如去观察你的邻居，留意他们在日常生活中的行为，慢慢地，你就能准确地推进人的行为的理由或情境，甚至可能成为这方面的行家。

由于行为心理学的研究对象是人类的客观行为，因此它已经成为自然科学的一部分，生理学与它有着密不可分的联系。生理学主要研究动物器官的功能，如消化系统、神经系统、循环系统、排泄系统，以及神经和肌肉反应的机制等。行为心理学恰好掌握了生理学方面的知识，并将其运用到对人与动物的行为解释中。行为心理学家在有感于器官作用的同时，更加关注动物们从早到晚的行为，他们对这些内容的关注程度远远比旁观者要高得多。通过对这些行为的观察、分析，行为心理学家希望能够实现对人和动物行为的预测和控制，就像物理科学家试图通过对自然现象进行分析、研究，继而实现对自然的控制。

行为心理学家研究事业的出发点，就是对人的行为进行预测和控制，但这一切必须都应当以实验为前提条件，由实验的方法得出的数据，在累积到一定量时，在对这些数据进行整合。之后，经过专业训练的人，可以通过外界给予的刺激，来对人和动物会出现的反应进行预测，并从一些反应中推测出引起这些反应的某种情境和刺激。

在继续探讨这一问题之前，我们有必要先认识一下这两个术语——刺激与反应，并对其做一些深入的探讨。

09. 认识反应的两种不同分类

依照惯常的理解，反应可分为外部反应和内部反应两种。在行为心理学中，这两种反应又被称为外显反应和内隐反应。

所谓外显反应，就是我们平日里经常会看到的那些行为：一个人正在踢球，或是坐在餐厅里跟人聊天，或者开车在路上行驶等等，这些行为用肉眼就能观察到，无须借助仪器。

所谓内隐反应，就是那些只出现在体内的肌肉和腺体系统中的反应，肉眼是看不到的，也不能透过行为表现出什么。比如，一个饿着肚子的人在餐厅门口，不时地瞟一眼餐桌上的美食。外人可能会觉得，这是一个无业游民，也可能在等人。可相关的科学测量仪却显示，他的唾液腺正在分泌口水，且胃部正在进行有规律的收缩，由于内分泌腺的分泌物进入了血液，因而此人的血压也发生了显著的变化。

外显反应和内隐反应，本质上是一样的，唯一的差别就在于是否能用肉眼观察到。

反应还有另外的一种分类，即习得性反应和非习得性反应。

在成长的过程中，我们对刺激作出反应的范围在不断延伸。

习得性反应，是指我们生活中的一些复杂习惯，以及相应场景下的条件反射。虽然我们在生活中的大多数行为都是后天习得的，但其中依然有不少行为是天生就会的，比如瞳孔会因为光源的远近而进行收放运动，热的时候会出汗，还有一些时刻都在运动的功能，如心跳和呼吸等，它们都是与生俱来的。

上述关于刺激和反应的论述，有助于我们整理心理学领域研究的课题。在实验过程中，行为心理学通过制造刺激来观察人的反应，终极目的是以某种刺激为依据，预测人的行为，或是根据人的行为来反推引发该反应的刺激。

10. 传统哲学与社会科学的未来走向

在行为心理学的根基尚不稳固时，几乎每天都要面对这样的疑问：既然传统心理学没有办法明证“心灵”“意识”等术语，又没有办法从其他角度找出它们客观存在的依据，那么，现在围绕这些术语建立起来的庞大的哲学体系，以及社会科学体系，有什么前途吗？

毋庸置疑，当行为心理学处在没有完整建立起自己的理论模型、立论过于新颖、立足尚未稳固的环境下时，虽然敢于发问，却不敢给出答复。这个问题实在太复杂、太严肃了，不能掉以轻心。为了不让行为心理学理论的发展因为这个问题而停滞，我们也曾经多次告诫自己：“现阶段，我们不能让这个问题困扰自己，一定要摆脱这个问题。”我们回避的时间已经很长了，现如今，行为心理学的根基已经很牢固，影响也很深远。在此，心理学研究领域的一扇全新的大门已经打开，过去那些围绕心灵、意识建立起来的哲学、社会科学将何去何从的疑惑，已经不会再继续困扰我们，我们也会对此给出越来越合理的解释。

现在，行为心理学可以大胆地向传统心理学家示威：“请把你们的可靠方法、合理主题展示出来，请让我们看到一个围绕你们建立起来的、可以真正促进学生思想发展的哲学和社会科学。”

在过去的十年里，心理科学的发展趋势令人欣慰，它不再和心理学泾渭分明。曾经的心灵概念的科学，也开始有了全新的发展局面。在这里，我通过下面的表格来展示一下它们的走向：

受制于意识概念的传统学科	将会呈现出的发展倾向
内省心理学	行为心理学
机能心理学、哲学	逐渐消失，成为历史
伦理学	完全基于行为心理学方法的实验伦理学
社会心理学	过去对于家庭、乡村、民族、教会等群体的研究， 如今已经成为行为心理学的研究内容
行为心理学	研究群体在形成过程中如何使其他成员建立习惯，以便对单位个体进行管理
社会学	正在并入行为心理学的社会心理学和经济学
宗教	正在被实验伦理学的教育所取代
精神分析	正在被行为心理学对儿童的研究所取代

上述诸多的讨论和例子都证明，心理学、哲学、社会领域的核心论题正在逐渐变成行为心理学的公式。在后面的章节中，我会继续证明，行为心理学才是解决所有心理学问题的直接途径的观点。

第2章

习惯的力量：最本能最真实的行为心理学

即便你知道了有关习惯形成的一切现存数据，你仍然无法构成习惯形成的公认理论。

——约翰·华生

这一章，我要跟大家讨论人类的动作与习惯。前面我们讲过，人类在婴儿时期处于非习得的活动中，无法抵御外来的侵犯。我们可以做一个比较：1 岁孩子的行为和 1 岁猴子的行为，有什么区别?

人类的初期是很脆弱的，可即便如此，人类最终却会成长为动物界中最独特的物种。到底是什么让人类获得这种奇特的力量呢? 归纳起来无非是：内脏或情绪习惯的数目、灵敏性和准确性；咽部和言语习惯的数目、复杂性和完善性；动作习惯的数目和完善性。

我希望大家能跟我一样，保持一份好奇心，去探究我们的身体所具备的能力。接下来，就跟我一起去认识“动作”这个词汇所蕴含的躯干、手、腿、手臂等结构组织以及习性而赋予的神奇力量。

01. 个体借助习惯适应遭遇的情境

在婴幼儿阶段，人类不断通过光线、声音、触觉、视觉、嗅觉来接受刺激，但这些刺激只是人类外在环境的一部分。在这个时期，人类还同时通过食物在肠道中的移动以及体内的肌肉来接受刺激，不管条件是否充足，所有内脏的、肌肉的和腺体的刺激都是确实存在的刺激物，就跟我们眼前的桌子和椅子没什么两样。它们构成了人类的内部环境，在探究环境和遗传的相互作用时，内部环境经常被忽略。恰恰是因为这些刺激，让人类不断地产生反应，才使得人类有了现在的结构。

其实，不仅是人类，其他的动物也一样。换句话说，在内外刺激的作用下，人类和动物必然会产生活动。当一个有机体经常受到两个环境的刺激时，它不会仅仅只对内部或外部的一种刺激作出反应。比如，当一个人在饥饿的时候，胃部会产生收缩，他也会伸手去抓食物；人在看到警察的时候，会下意识地收紧腰带；如果存款不多，人们就会把娶妻生子之事延后。同样的道理，一个接受过高等教育的人，也不会放任自己跟无知的、没素养的人成为朋友。

恰恰是在内外部的强烈刺激下，人类机体被迫作出反应，产生行为。在这些刺激的作用下，人类的躯干、手、手臂、腿，都会持续地产生活动，内部腺体反应器官也会持续地发出回应。在婴儿时期，这些活动是比较自由的，但也有一定的规律。如果我们不希望让它们被其他类似的活动影响，它们就不是自由的了。当刺激产生时，这些活动会直接对其作出反应，且时间久了，会变得更有规律。这就是说，频繁的刺激和活动，会日渐变得有规则。受到刺激的影响，有机体在睡眠期间也会对刺激产生反应，它不是静止的。

有些心理学家和精神分析学家认为，有机体一定处于一种顺应的状态。然而，行为心理学家对此有不同的见解，他们认为，只有死人才会对一切刺激无动于衷，一味地顺从。

实验证明，个体要改变情境，对刺激A作出反应后，接着还要对刺激B作出反应。不管这种反应是习得性的，还是非习得性的，抑或是两者皆有，最终都会出现两种情况：刺激A被刺激B消除；对刺激B的反应，导致个体忽略了刺激A的范围。在第一种情形里，刺激A被消除了；在第二种情形里，新的环境让刺激A停止了有效刺激。

我们可以通过下面的例子来理解这个问题：

一个饥饿的人，胃部出现收缩，这是刺激A。此时，他走进餐厅吃东西，进入食物补充的环境，这是刺激B。此时，因为吃了东西，也就是刺激B产生后，刺激A胃痉挛立刻停止了，这就是我们说的“顺应”作用。其实，一个人吃饱之后，虽然不再遭受饥饿的刺激，可其他的刺激也会立刻发生影响，迫使其作出其他反应。

由此可见，我的观点是成立的，即机体不会也不可能顺应。我可以再举一个例子，证明我这个观点的科学性。个体对刺激A作出的反应，会引起环境的变化，此时刺激A的影响就消失了。比如，个体X躺在床上准备睡觉，街边的路灯透过窗帘的缝隙照射进来，晃了他的眼睛。X翻了一下身，但还是无法摆脱光照的干扰。于是，他用被子蒙住头，但很快他的头又从被子里钻出来，而后他起身找了一张厚纸，把那道缝隙遮挡起来。

在这个例子中，个体X对刺激A作出的反应是，用一张厚纸遮住光照，改变了他所处的环境，即营造了一个没有灯光干扰的睡眠环境，在这个环境中，刺激A的作用就没有了。

结合对前面两种情形的分析，我们可以看出，两者并不完全相同。个体摆脱了刺激，但并不是他不会被另外的一些刺激影响，他只是摆脱了其中的一个刺激。至于心理学家说的“顺应不良”，指的是两种相背离的刺激，被有机体摆脱促成刺激的范围被抑制住了。对于这个词语，我们想用它表达的意思是：个体通过活动，使作用于他的刺激失去效用，或摆脱这一刺激的范围。之所以要解释“顺应”这个词语，主要是因为有些测试发现，有些事情如动物获取食物、水等，或摆脱一个不太积极反应的刺激，是非常相似的。

前面谈论的这些，印证了我们的一个观点：个体需要一个组织来适应“遭遇的情境”。换而言之，他需要养成一种习惯：可以平息刺激A，或是采取某种行为习惯，让自己脱离刺激源。当灯光刺眼影响睡眠时，一个成年人懂得从床上爬起来用厚纸遮挡透光的缝隙，而一个3岁的孩子却只能选择哭闹。一个成人在感到饥饿的时候，会走进餐厅吃东西，而一个1岁的孩子也只会哭闹。这就是说，个体需要养成一些习性，让自己进入一个更加舒适和美好的情境。

我们可以这样说，这就是人类所有习惯产生的基础。内外环境的刺激，迫使个体开始活动，他可以用不同的活动方式来消除刺激A，或远离那被刺激A所影响的范围。当他重新回到原来的情境中时，他可以更加迅速地作出反应，更多地去做自己想做的事，这个时候，我们就可以说，他已经学会或养成了某种习性。

02. 操作习惯不是与生俱来的本能

人类的基本习惯，到底是怎样养成的呢？要了解这个问题，还需要从幼儿入手来研究。

以一个哺乳期的婴儿为例，我们让他在三个月的时候看到奶瓶这个东西，并且让奶瓶离他很近，近到触手可及。这时，我们会发现，他开始慢慢移动自己的身体，四肢也变得兴奋起来，眼睛紧紧地盯着奶瓶，嘴巴不停地发出叫喊声。但是，他并没有伸手去拿奶瓶。每次实验结束后，我们都会把奶瓶递给他。

第二天，我们把前一天的过程又重复了一遍，发现这个婴儿的身体运动比前一天要明显，他的手臂活动的幅度变大了，躯体、腿和脚的活动范围变小了。和身体的其他部分相比，手和手臂拿到奶瓶的机会更大。这就解释了，为什么人类习惯用手，而不用躯干、腿或脚去操纵物品。如果婴儿没有了手臂，或是先天性缺失手臂，他就会用脚来形成这个习惯。

为了让我们的观点更有说服力，我们在实验中不仅用了奶瓶，还用了一些食物，比如放一块糖在婴儿能够得着的地方。这时，他会伸出小手，把糖果放进自己的嘴里。这个实验一共持续了30天，每天重复10~12次这样的实验。30天后，这个孩子已经养成了靠近一个小物体并将其放进嘴里的习惯。

需要注意的是，孩子对奶瓶和糖果是有条件的视觉反应，它的前提条件是，这个孩子的喂养方式必须一直是奶瓶，且这个实验也只能在经过多次训练的婴儿身上才有效果。如果想让婴儿拿起跟食物无关的东西，实验时间就要延长，直到他对这个刺激产生反应。有一个事实我们必须要重视：奶瓶这一刺激引发了婴儿更复杂、更多样的活动反应，一开始他只是移动身体，后来发展到手、手指、手臂的活动。这就是说，在这个过程中，婴儿的反应不是固定不变的，是经过重组的。

当婴儿的手、手指和手臂的活动日渐灵活时，与手无关的活动就不见了。换句话说，当手、手指和手臂达到理想的活动状态时，在这个过程中，就不会再出现与其不相干的活动。所有婴儿最基本的动作习惯就是伸手抓东西，当他们形成了这一活动习惯后，其动作很快就会变得复杂起来。他不但会用手拿东西，还能扔东西；不但能抓取眼前的东西，还能抓取身体两侧的东西；之后，他学会翻转和推动物体。这些复杂的动作习惯，与其拿东西这一操作习惯密切相关。所以，我想告诉大家： 如果有人认为操作习惯是一种本能，那他应当通过这个实验审视自己的观点，那真的不是与生俱来的。

婴儿在学会操作物体之后，就开始学会操作自己的身体部位。事实上，身体任何部位的活动，差不多都能引起身体中一块肌肉的顺应，包括内脏，所以说，操纵的习惯不仅是手、手指和手臂的活动。我们所说的整体反应就是指这个，即身体各部位的“完美整合”。手、手臂、肩膀、腿、脚等的肢体活动，呼吸和血液循环等活动的进行，都是遵循某种秩序的。每一个动作的发生，在时间的安排上都很精准，且在完成皮肤的每一个细微动作之前，必须合理分配各组的肌肉综合能量。

抓取物体和操纵物体是人类拥有的基本习惯，当婴儿养成了这种习惯，就意味着他开始把握世界了。人类一开始用泥土制造工具，现在用钢材制造工具；一开始用树木建造独木桥，现在用钢筋混凝土建造跨海大桥等，这些进步都是人类动作习惯发展的有力证明。

03. 好习惯人人都能养成吗

为了让习惯形成的整个过程呈现得更加清晰，我们还以前一小节中的那个孩子为例。他的良好操作习惯已经培养出来，现在我们要给他设置一个棘手的问题：在他面前放一个问题箱，让他知道里面有很多糖果，如果他能打开这个箱子，里面的糖果就是他的了。

这项任务对于这个孩子来说，是一个全新的挑战，他必须要拥有某些技能，才能够打开这个问题箱，比如他得学会操纵一个小型木制开关。依靠他过去的习惯，肯定是做不到的，而天生的习得反应和非习得反应也无法为他提供帮助。

那么，他会如何解决这个问题呢？

之前的组织就要派上用场了。在面对这个问题时，如果他用过去控制玩具的组织来尝试，他很快就要面对下列问题：第一，拿起箱子； 第二，把箱子狠狠地摔在地上；第三，拖着箱子转圈圈；第四，用脚使劲地踩箱子；第五，用拳头捶打箱子。

从这些活动中，我们会发现，他完全是在用对待简单问题的各种习得的行为来处理这个棘手的难题。在解决新问题的过程中，他把自己之前获得的组织和所有学会的技能都拿了出来。

我们不妨借助数字来说明这个问题：假如他拥有的习得和非习得的独立反应有50个，而他为了打开箱子，几乎把这些反应都用上了，花费了20分钟的时间。当他最终打开了箱子，我们奖励了他一些糖果，然后又把箱子关上，再让他重新打开。这一次，他没有费多大劲就把箱子打开了。第三次，他打开箱子所用的活动次数更少了。反复了10次之后，他只用了2分钟就打开了那个箱子，整个过程把没有用的活动全都省略掉了。

将这个孩子第一次打开箱子到第十次打开箱子的活动次数与时间进行对比，我们会发现很多问题。在这个过程中，为什么时间会一次比一次少呢？为何在整个过程中，那些在解决问题中不需要的活动也会逐渐减少、直至消失呢？对于这个问题，我想用“频率”和“最近基础”来回答。我们为这个孩子的每一个独立活动指派一个数字，将最后按下木制开关的活动指定为50。

在这个孩子第一次尝试打开箱子的过程中，这50项活动是按照随机次序显示的，需要说明的是，有些活动是会重复出现的。

第一次尝试的次序：

47，21，3，7，14，16，19，36，28，2，……，50

第二次尝试的次序：

18，6，9，16，47，19，23，27，……，50

第三次尝试的次序：

17，11，29，66，71，18，……，50

……

第九次尝试的次序：14，19，……，50

第十次尝试，获得成功：50

通过这组实验数字，我们可以看出，50在整个系列中出现得越来越靠前，且在一次次的尝试后，其他活动出现的概率逐渐减小，是什么导致了这样的结果呢？

我们可以这样理解，在整个系列中，在每一次的尝试中，50这个反应始终存在，且自始至终都没有被舍弃。这就说明，一个人用标记数字为50 的这个活动，来解决实验中系列所安排的环境，在整个系列中它就是解决问题的途径，即孩子用这个方法得到了糖果。所以，在打开箱子的过程中，50这个活动比其他49个活动出现的频率更高。

在前面的尝试中，最终的反应是50这个活动，所以我们相信， 这个活动在下一次成功的尝试中依然会出现，这就是我要说的“最近的因素”。不过，有一些学者并不同意用“最近的因素”来解释习惯形成的这一问题， 乔治·皮博迪学院的约瑟夫·彼得森教授和贝尔特朗·罗素教授认为，我们习惯的形成依赖于心地善良的仙女；桑代克认为，在形成习惯的过程中，成功的活动令人兴奋，失败的活动令人沮丧，所以人们才放弃了无用的活动，只保留了利于成功的活动。

这是一个重要的领域，但是很可惜，至今还没有谁在这个问题上认真地做一次实验。只有少数的心理学家对它感兴趣，绝大多数心理学家甚至没有意识到它的存在。

我在对这个问题作出解释时，还不敢肯定它是否能够得到解决。我认为，还应当有更简单的方法来解释如何看待习惯形成的整个过程。自从条件反射的假设被引入到心理学领域后，简化了很多问题，我也开始思考从另外一个角度对这个问题进行研究。

04. 习惯与条件反射的关系

普通的条件反射，与烦琐完整、受时空限制的习惯反应之间的关系，从理论上来说是很简单的。从表面上看，就是部分与整体的关系，条件反射对于已经养成的整个习惯而言，就是一个单位。如果分解一个已经养成的习惯，那么每一个条件反射都是一个单位。

我们不妨回顾一下条件反射的类型：

S————————————————R

电击（有害）　　　　　　　　脚的活动

条件化之后，圆形的　　　　　　引起脚同样的活动

视觉刺激

这是一个普通的条件反射，我们现在来做一个假设：这样的单位构成了每一个复杂的习惯。假如，我展示给被实验者的视觉刺激是一个圆形，目的是让他养成向右拐一步的习惯，而不是缩脚的习惯。当被试拐向右边后，一个方形的视觉刺激呈现在他眼前，这一次的刺激让他向前走了5步；而后看到一个三角形，这个刺激让他向右走了2步；然后，出现在他眼前的是一个菱形，他的条件反射为向前跨3步，既不向左也不向右。

对这个例子进行分析，我们不难看出：用这样的引导方式，可以让被试在房间里转一圈后，重新回到原点。这就意味着，我们可以设置每一个视觉刺激，让被试在我们的引导下，以某种形式移动，如向前向后、向左向右、向上向下，还可以让他伸出左手或右手。

假如我每次都让他参加实验，让他自始至终地完成整个系列的话，不就跟人和老鼠在迷宫里的经历一样吗？迷宫里的每一次转弯，每推开一扇门，都只是我们整个学习过程中的单位。对于那些特殊技艺的活动，如弹琴、打字等，这一系列的单位都没有办法分解和探究吗？

其实，这样的情形在我们的日常生活中也经常会出现。当我们形成整个习惯的各种条件反射时，如果有机体作出的反应是正确的，我们往往会用食物来诱导他形成条件反射；如果他的反应有偏差，我们很可能会对他

进行惩罚，或是任由他折腾，直到疲惫不堪，这就等于是变相惩罚。

接下来，我们要分析的是，为什么这些单位要这样安排排序，并且会被时空所限呢？

其实，这个世界上原本是不存在这样的次序或序列的，是社会或环境的意外事件导致它变成这样。在我们的社会中，人们已经养成了复杂的反应模式，且坚定不移地服从着。比如，我们的语言就是由一连串的字母按照固定的序列和次序组成的；我们在玩球类游戏时，也要按照它的次序和序列进行，遵守游戏规则。

那么，环境的意外事件又是怎么回事呢？

举个例子来说，假如你准备去海滨浴场，你必须遵守这样的行径路线：1. 先走到小山的右边；2. 从一条小溪穿过；3. 从一个小松树林穿过；4. 顺着一条干枯河道的左岸走；5. 经过一个养牛场；6. 走到一丛柳树林后面；7. 抵达目的地。

上述描述的每一个数字，都代表在学习期间能够引起反应的视觉刺激。你可能会认可这些东西，可那又如何呢？解释一个条件反射，比起解释那些被称为“习惯”的现象，要简单很多。其实，就算我们不对一个条件反射进行解释，依然可以通过分析，用一个简单的术语还原一个我们无法解决也无法进行实验的复杂过程。

05. 影响动作习惯形成的因素

到底是什么因素影响着动作习惯的形成呢？至今，尚没有令人满意的答案。实验的结果显示，许多东西还存在矛盾，理论方面也有需要重新斟酌之处。我们也在努力寻找这个颇令人感兴趣的问题的解决方法，即从中找出一些东西，用我们正在进行的研究来举例，给出解释说明。

年龄对习惯的形成有着什么影响呢？

要回答这个问题并不容易，因为我们了解得太少了。我们在对老鼠做的实验中发现，年龄小的老鼠和年龄大的老鼠，在学习迷宫的方法上是不一样的。无论是实验成功花费的时间，还是采取的步骤，都有差别。从实验中我们了解到，对于老鼠而言，学习迷宫并不受年龄的限制，在整个学习的过程中，两个年龄段的老鼠所尝试的次数是差不多的，只是年龄大的老鼠很少奔跑，探索的过程较慢，比起那些年龄小的老鼠，它们跑完整个迷宫的时间会长一些。

我们还不太清楚，人类在这方面的表现是否跟老鼠一样？毕竟，人类总是很快就停止学习的脚步，只有不时地遭受一些刺激，才会被迫去学习新的东西，且我们无法控制一个人的学习状态。动物则不一样，对于它们的饮食以及环境中的一些其他因素，我们都可以掌控。人只有在一些自然灾害面前，如地震、山洪等，才会去学习某种新技能。正因为此，我们才很少用人来做实验。

心理学家很清楚，刺激只是暂时的，难以一直持续。在不同的实验室里，刺激也是有差别的。目前，我们没有对人类学习的研究投入大量的精力，今后可能会有所改善，也应该会有大量的实验室提供给实验小组，协助他们进行研究。我们只有在完全控制人类的食物、水、住宅的情况下进行观察，才能够了解人类是否想继续学习。如果因为环境原因，人类就算到60岁、70岁，甚至80岁时，也是可以学习的。

詹姆斯提出过一个观点，大部分人在30岁以后就放弃学习了，他的观点是正确的，但也有例外。那就是人在30岁之后，依然乐于探索的秘密。

想要了解这种心理，只能借助食物和水，或是一种其他的特有的方式来实现。

我们很有必要研究一下学习中的各种分配。我们能不能每天对老鼠进行5次、3次或1次的迷宫实验呢？在对不同的动物组按照不同的方法训练时，我们得出一个结论：如果给它们设定一个限度，那么在这个特定限度内，它们练习的次数和练习单元的效率成反比。举个例子，每组老鼠的练习次数只有50次，那么，不同的练习次数之间的间隔时间越长，效果就越明显。

通过一些实验，其他学者也证明了这一观点，比如拉什利博士，他在研究人类学习发射英国长弓时，得到的实验结果跟我们的一样。这一规律在其他很多动作方面的研究中也得到了证实。

我们通过其他人的一些相关实验也发现了一个事实：在学习中，就算可供支配的时间极其有限，但如果能在这个时间段内专注地练习，也能取得惊人的结果。这源于获得机能的练习。

什么是“机能”呢？所谓机能，就是指某一特定动作经过一段充足的时间练习后，学习曲线变成了水平状。换句话说，在新的引入介入不出现的情况下，就会保持现状，我们把这样的习得习惯称为“机能”。打个比方，一个人在10年间一直打字，或在工厂做计件工作，那么他在哪个时间段内的工作效率最高呢？上午、下午、周三、周五、春季、秋季，还是退休之前？

这些问题我们都研究过，但得出的结果是不一样的，很难确定什么时间的工作效率一定更高。虽然也有不少学者进行了大量的实验，但得出的结果依然难以令人满意。

06. 条件反射的第二阶段

人们在视觉、听觉、触觉和其他刺激的作用下，形成了一种习惯。可是，那些刺激带给我们的影响，会因为我们不断练习这种习惯而减弱。当习惯根深蒂固时，我们可以用蒙上眼睛、堵住耳朵、在皮肤上覆盖东西等方式，改变自己的视觉、听觉、触觉等刺激。这个时候，那些刺激对我们的影响就大打折扣了。

这个时候，条件反射的第二阶段出现了。

一开始学习时，只要用视觉刺激我们，我们就会作出相应的肌肉反应，而其本身也会在短时间内作为一种刺激，引发下一个动作反应，并引起随后的动作反应。如此往复，最后就能跑完复杂的迷宫。

我们在这个过程中会发现，不管完成哪一种复杂动作，视觉、听觉、触觉等并没有参与进来。也就是说，来自肌肉本身的肌肉刺激，就相当于我们需要保持的能够产生适当序列的动作反应。我曾经说过，肌肉不仅仅是反应器官，还是感觉器官。实验告诉我们，我们所有的习惯对于达到我们称为“动觉”的第二阶段，都有着强烈的倾向。

第3章

克服嫉妒：依靠行为克服嫉妒

嫉妒和害羞是个体本身所具有的行为，是内在的情绪行为。

——约翰·华生

每个人心中多少都会存在嫉妒这种不健康的心理，哪怕是阅历丰富的成年人也不例外。嫉妒是一种消极的人生态度，但是经历丰富的人能够很好地控制住这种心理，通过一定的自我疏导，在嫉妒冒出时保持理性，做出正确的判断。也有一些人，难以控制自己的情绪，为了达到心理平衡而做出过激的行为。

不是要完全剔除嫉妒心理，只是要学会有效的控制。行为主义者认为，想要彻底解决嫉妒的问题，就要找出嫉妒产生的根源。所以，行为主义者开始对幼儿时期展开研究。幼儿的认知水平不高，他们通常认为夸奖别人就是在贬低自己，不能把超越别人和自己的不断努力联系起来。如果被表扬，他们就会很高兴；如果受到不公正的待遇，他们就会很生气。随着年龄的增长，这种早期的影响会持续存在，而后就慢慢变成了嫉妒。既然行为可以产生嫉妒，那么，借助行为也可以克服嫉妒。

01. 嫉妒是内在的情绪行为

除了习得的和非习得的各种形式的情绪行为之外，行为心理学还对嫉妒和害羞这两类情绪很感兴趣，至今行为心理学家几乎还没有对这两类情绪进行过研究。我认为，嫉妒和害羞是个体本身所具有的行为，即它们属于内部的情绪行为。

在行为心理学家看来，人类的愤怒、悲伤、恐惧、仁慈等情绪行为并不复杂，它们都是以各类简单的非习惯行为为基础的。可是嫉妒和害羞与那些情绪行为却不一样，我们有必要深入地研究一下。当然，无论我们得出什么样的结论，都应当有确凿的事实作为依据。但令我感到遗憾的是，我到现在对于害羞的第一次出现以及它的发生性成长，仍然没有机会注意到。

事实上，我比较赞同一种观点：从某种程度上来说，它和第一次自慰之间有不可分割的联系，且在这次自慰中有了性高潮的体验。自慰的刺激会让个体血压升高、皮肤表面毛细血管扩张，即脸红，当然还有其他的一些反应。我们都知道，个体在童年时期都接受过这样的教育，自慰是要受到惩罚的。正因为此，和性器官有关的所有情况，包括言语或触摸，都可能会让人脸红或低头的动作被条件化。我暂时无法提供更多的资料来跟大家讨论这个问题，这只是我个人的推理，没有事实依据。

在此，我想谈谈和嫉妒有关的话题，我之前做了一些观察和实验。

嫉妒究竟是什么？它源于什么样的刺激？它的反应形式是什么？

我就这些问题，随意问了一组个体，他们给出的答案都没能让我感到满意。特别是这两个问题："什么样的非习得（无条件的）刺激会带来这样的反应？""这种非习得（无条件的）反应是什么？"我得到的答案都是不科学的。绝大多数人说，嫉妒是人的本能。所以，我们很难得到真正想要的答案。

尽管我们不了解嫉妒的这些情形，但不容小觑的是，它至今确实是个体结构中最强大的因素之一。人的很多行为都能跟嫉妒扯上关系：婚姻中的矛盾冲突，甚至关系破裂，都是因为嫉妒作祟；谋财害命的问题，通常也是因为嫉妒。可以说，个体的整个行动系列差不多都跟嫉妒这一因素脱不开关系，所以人们把它视为是与生俱来的本能，也在情理之中。

可是，当我们想要了解这种东西，而后再去观察人们的行为，并假设嫉妒是在某种情况及其行为下产生的，就会发现事实远比我们想象中的要复杂，而且这些反应都是高度组织的，也就是习得的。鉴于此，我们还是很有必要质疑它的遗传根源。

02. 嫉妒的反应及其引起的情境

嫉妒行为要针对某个人才会出现，也就是说，嫉妒一定是跟他人的行为相关的。这就表明，嫉妒的情境从一开始就是社会性的。那么，嫉妒会跟哪些人相关呢？我们认为，是那些会带给我们爱的感受的人，也许是父母、兄弟、 姐妹、丈夫、妻子、情人等。嫉妒的对象和性别无关，在引起强烈的反应方面，妻子—丈夫的情境带来的剧烈反应，仅次于情人。

这样的观察结果，从某种程度上能帮助我们理解嫉妒。不管什么时候，这种情境都是可以形成条件反射的，关系到引起爱的条件反射的人。假如我们的概括是正确的，那么我认为，我们对嫉妒的研究应跳出遗传的行为形式。

我曾经观察过大量的儿童和成人的案例，并且做了笔记，最后得出成人有多种反应。

现在，我们就以成人的反应为例，来探讨这一问题。

案例1：A娶了一位年龄比他小的女子，对方长相漂亮，他们结婚已有两年。A是一位嫉妒心很强的丈夫，两个人经常一起出席聚会。

· 如果妻子跳舞时跟舞伴靠得太近。

· 如果妻子没有跳舞，但跟一个异性低声地谈论什么。

· 如果妻子突然一时兴起，当着众人的面亲吻了另一名男子。

· 如果妻子和其他女人一起出去购物或吃饭。

· 如果妻子邀请朋友到家里聚会。

当上述这些刺激出现时，A就会产生嫉妒心理：

如果出现上述刺激，A就会出现嫉妒行为，并引发下列反应：

· 和妻子冷战。

· 牙关紧闭，眼睛眯起，颌骨发硬，全身肌肉处于紧张状态。

随后，他会悄无声息地独自离开聚会场所。当时，他的脸色很难看，先是通红，然后变成紫黑。通常，这样的行为发生后，会持续好几天。他不会跟任何人说自己的心事，哪怕有人尝试从中斡旋，他也什么都不说，就好像嫉妒的症状会自己慢慢消失。期间，无论妻子怎样向他示爱，怎样辩解自己的行为，他都听不进去，任何方式的道歉和表忠心都不能让情况有所好转。

事实上，他的妻子对他一心一意，从来没有二心，他在不嫉妒的情况下，也认可这一点。

如果是一个没有接受过教育、缺乏教养的人，遇到这样的情况，反应可能会更加明显，他很可能会对妻子武力相向。如果真有男性觊觎他的妻子，他会采用猛烈攻击的行为，甚至杀死对方。

接下来，我们以儿童的嫉妒行为为例，探讨一下这个问题。

案例2：在儿童B大约2岁的时候，我们记录到他第一次出现了嫉妒迹象。每当这个孩子的母亲和他的父亲有拥抱、接吻等亲昵的举动时，他就会表现出嫉妒行为。

直至他2岁半时，父母都一直当着他的面发生亲密行为。当母亲拥抱父亲时，他就开始攻击父亲，作出如下反应：

· 使劲拽父亲的衣服。

· 大喊："那是我的妈妈"。

· 站到父母中间，把他们隔开。

如果这些反应行为没有达到预期的效果，父亲依然亲吻母亲，孩子就会出现更加强烈的情绪反应。每天早上，尤其是星期天的早上，孩子起床后来到父母的卧室，他会被父亲抱上床。这时，他会迎和讨好父亲。虽然孩子只有2岁半，可他却会问父亲这样的问题："今天你上班吗？"或者明确地告诉父亲："爸爸，你快点去上班吧！"

当这个孩子长到3岁时，他和还是婴儿的弟弟一起被送到了外婆家，由一个保姆照顾他们。和母亲分开了1个月的时间，他不再像之前那样强烈地依恋母亲。当父母去看望他们时，虽然还会像从前那样在他面前做一些亲昵的举动，可他却没有出现任何的嫉妒的行为。那时，这个孩子37个月。

为了观察孩子到底还会不会再产生嫉妒行为，父亲故意当着他的面长时间地拥抱他的母亲，可他只是跑过来分别和两个人抱了抱。连续四天的时间，一直都呈现这样的结果。

当父亲发现已经无法再用原来的刺激方式唤起孩子的嫉妒行为时，他换了一种情境，对孩子的母亲发起攻击，母亲假装哭泣，并予以回击。当孩子看到这种情形时，他只是迟疑了几分钟，之后就疯狂地扑向父亲，发起猛烈的攻击，踢他，哭喊，直至吵架结束。

接下来，变成母亲攻击父亲，父亲表现出很可怜的样子。母亲用力地击打父亲的腰部，父亲疼得弯着腰。父亲的表现很逼真，完全看不出来是假装的，但孩子的表现还跟刚才一样，依然对父亲发起猛烈的攻击，甚至在父亲已经无法反抗时，还不肯停手。不过，此时孩子已经真正地受到困扰，实验不能再继续。但是，到了第二天，虽然父母还是在孩子面前表现出亲昵举动，但孩子没有出现嫉妒行为。

03. 孩子什么时候会出现嫉妒父亲或母亲的行为

嫉妒到底是从哪儿来的呢？它的根源又在哪儿？

为了弄清楚这一事实，我们选择一个11个月大的男孩作为被试进行了测试。这个孩子没有任何条件性恐惧，且营养良好，但他过分依恋母亲，对父亲却没有这样的情愫。这孩子平时喜欢吮吸自己的手指，父亲每次看到后都会阻止他，比如打他的手，或是用其他办法干扰他。这个孩子在11个月大的时候，已经能快速爬行一大段的距离。

看到父母拥抱时，孩子没有任何反应。在孩子的幼年生活中，他压根也没有在意过这件事。在这种情境的反复实验中，孩子都没有向朝他们爬过去的意向，更别说挡在他们中间了。

我们的实验并没有到此停止，而是设置孩子的父母相互攻击，以此观察孩子会什么样的反应。当时，房间的地板上铺着地毯，能遮掩一部分打斗的声音，母亲或父亲的呜咽声也较低。但是，他还是注意到了父母打架的声音，他立刻不再爬了，凝视着母亲很久。

请注意，孩子只是凝视着母亲，并没有去看父亲。在注视了一会儿之后，他也没有表现出想加入其中的意思，更没有出手帮助任何一方的举动，只是发出了呜咽声。

那么，孩子为何会哭呢？

这是因为，父母吵架制造出的声响、两人拉扯导致的地板抖动、孩子看到母亲的脸，这一连串的视觉刺激，很像孩子被打时的视觉刺激，所以他才会哭。也就是说，这一系列的刺激，让我们发现，孩子置身于这种情境下出现的行为，属于害怕的类型，其中有一部分形成了视觉性条件反射。

在这个实验中，不管是父母发生亲昵的举动，还是相互厮打，孩子都没有表现出嫉妒行为。所以，我们可以得出这样的结论，一个11个月大的孩子，因为年龄太小，还不会出现嫉妒行为。

04. 哥哥会嫉妒弟弟吗

关于嫉妒行为出现的时间，研究者们各有说辞。不少弗洛伊德主义者认为，当一个儿童有了弟弟或妹妹后，他就会出现嫉妒行为。他们指出，虽然孩子不足1岁或刚过1岁，可他们已经开始有嫉妒行为的发生和发展了。

这种结论是否科学可靠呢？据我所知，直到现在还没有一位弗洛伊德主义者从实践的层面，验证过自己的理论。

为了找到嫉妒的根源，我们做了很多观察，本人曾经特意去观察了一个儿童接受他新生弟弟的情形。在此之前，我向大家介绍过儿童B，就是那个2岁半的孩子，你应该会有印象，他已经有了明显的嫉妒行为，且嫉妒行为指向他的父亲。2岁半的时候，他深深地依恋自己的母亲，后来又深深地依恋他的保姆。但是，在未满1岁时，他没有对任何孩子产生有组织的反应。那时，他的母亲因为生产住院两周，期间他一直由保姆照顾。母亲从医院回来那天，保姆让B独自在房间里玩耍，直到我们准备好所有的测试条件。

实验的时间是在中午，我们为B安排了一间明亮的起居室。当时，母亲正敞着胸前的衣服给新生儿喂奶，B的父亲、母亲、新生儿，还有他的祖母和一位训练有素的保姆都在场，B之前没有见过这个保姆。B已经2个星期没见过母亲了，得到大人的同意，他从台阶上走下来进入房间。我们事先告诉过在场的每一个人保持安静，且尽量让当时的情境自然一些。

B来到房间后，走到母亲身边，靠着母亲的膝盖，说：“妈妈， 你好。”此外，他没有其他的行为，既没有拥抱或亲吻母亲，也没有注意到母亲敞开胸前的衣襟和她怀里的婴儿。大概过了半分钟，他看到了新生儿，说：“呀，小孩。”接着，他开始用手触摸婴儿的脸和手，然后对婴儿说：“那小孩，那小孩。”此外，他还亲吻了婴儿。整个过程中，他没有表现出丝毫的嫉妒，一直很温柔。

这时，那个B不认识的保姆抱起婴儿，B立刻作出反应，他对妈妈说：“妈妈，抱好孩子。”请注意，B此时对婴儿作出了反应，就像母亲情境的一部分。这是他第一次出现嫉妒反应，但他的反应所指的对象，是那个正在抢走母亲怀里某样东西的人（阻碍了母亲的行动），这是一种典型的非弗洛伊德主义者的反应。我们可以明显地发现，这种反应对婴儿来说并不是只有坏处，虽然会让他离开母亲的怀抱。

保姆把婴儿抱到了他自己房间的小床，B也跟着走了进去。等他出来后，父亲问他："你喜欢吉米吗？"他说："我很喜欢他，他在睡觉。"需要说明一点，在整个过程中，B一直都没有注意到母亲敞开的胸脯。他除了在保姆抱起婴儿的那一刻关注到母亲，在其他任何时候都没有关注母亲。他对婴儿的积极反应只有几分钟的时间，而后就把注意力转向其他事情了。

第二天，父母告诉B，让他把房间腾出来给弟弟住。B听到这件事情后， 表现出了更积极的反应。为了早点把房间让出来，他帮大人们一起收拾自己那些书和玩具，把它们挪到另外的房间。当天晚上，他就在自己的新房间里睡觉了，并在此之后都由保姆陪伴睡觉。

通过对B的观察，我们发现：从开始到最后，B都没有对婴儿表现出任何的不喜欢或是嫉妒的意思。从那时到现在，我们对这两个孩子持续观察了一年的时间，也没有发现他们的嫉妒倾向。现在，B已经3 岁了，弟弟也1岁了，他还跟初次见到弟弟时一样，态度没什么变化，依然充满关爱。当父母和家里的保姆抱起弟弟或爱抚他时，他也没有表现出嫉妒。

我们的观察一直没有停止，也在试图让B产生嫉妒行为。有一次，保姆差点儿就成功了，保姆说："吉米很听话，你不如他，总是那么调皮，我更喜欢吉米。"接下来的几天中，B表现出了嫉妒的倾向。但是，由于保姆没几天就被辞退了，B才冒出来的嫉妒心就烟消云散了。

我们得出一个结论，孩子平日里对父母的依恋，并不具备干扰的条件。可当弟弟不在旁边时，他也会像弟弟那样在母亲身边依偎；当父母惩罚弟弟时，比如打他的小手，导致弟弟哭闹时，3岁的B就会攻击自己的父母，一边打他们一边说："不要打吉米，他是个好孩子，别让他哭了。"

第4章

战胜恐惧：以良性刺激代替不良刺激

儿童或成年人，在经过长时间的刺激消除后，能够“忘记他的恐惧”。

——约翰·华生

恐惧是一种心理活动状态，人类和其他生物都具有。我们也可以这样定义恐惧，当人们面临某种危险情境，企图摆脱而又无法摆脱时所产生的一种害怕的情绪体验，这种体验是很不自然的，也让人备受折磨。长久以来，我们的祖先一直在跟恐惧做斗争，创立各种宗教，幻想以超自然的信仰摆脱恐惧。然而，这些方法并没有从根本上解决问题，不过是遮掩住了恐惧而已。直到行为主义的出现，它从刺激和反应的层面对恐惧进行阐述，提出了系统的解决方案。在行为主义者看来，恐惧是由两个或多个刺激同时出现，并产生替代反应而引发的。所以，只有从刺激和反应入手，以良性刺激替代不良刺激，才能从本质上解决恐惧、克服恐惧。

01. 恐惧可以被消除吗

为了确定儿童的条件性恐惧反应，我们进行了如下实验：

让不同年龄层次的儿童进入一组特定的情境中，这种情境能引发恐惧，结果显示：在家里抚养的孩子出现了恐惧反应。这一点，与我们之前提到过的一样。根据这样的现象，我们更能确定：这些反应是条件化的。每个孩子在实验中都经历了这些情境，我们对他们的各种行为表现进行观察，结果不但找到了关于儿童最明显的条件性恐惧反应，还找到了是哪些物体（通常是情境）引发了那些反应。

我们在进行这项研究时，条件很不乐观。我们并不了解儿童恐惧反应的遗传史，也不能判断一个特定的恐惧反应是直接被条件化的，还是被迁移的。这让我们的研究变得格外艰难。

我们做了下面的实验，目的是确定一下能否通过废除刺激来消除恐惧反应：当我们确定儿童的恐惧反应和引起恐惧反应的一个刺激后，下一步就要试图去消除它。按照一般的假设，我们推断：儿童或成年人在经过长时间的刺激消除后，可以"忘记他的恐惧"。关于这一点，我们也通过测试得到了充分的验证。

下面，是我引用的琼斯夫人的实验室记录。

案例1：被实验者罗斯，21个月大。

一般情境：把罗斯和其他孩子放在一起，让他们在一个围栏里做游戏。这时，有一只兔子从屏障后面走出来。

实验时间：1月19日。

玩得正高兴的罗斯，在看到兔子后，开始大哭。当实验者用手拿起这只兔子时，罗斯的哭声减小了。当实验者再次把兔子放到地板上时，罗斯又开始哭了起来。当实验者拿走兔子后，罗斯不再哭闹，逐渐安静下来，他拿起一块饼干，然后去玩积木。

实验时间：2月5日。

两个星期之后，我们又设置了和前一次相同的情境。这回，罗斯再看到兔子时，一边哭一边发抖。几分钟以后，实验者在罗斯和兔子中间坐下来，把玩具拿给罗斯，希望她不再关注兔子。最后，罗斯虽然不再哭了，但她对玩具并没有表现出多大兴趣，眼睛一直没有离开兔子。

案例2：被实验者波比，30个月大。

实验时间：12月6日。

我们把一只关在笼子里的小老鼠拿到波比面前，当时的他正在玩耍。看到老鼠时，波比没有表现出很害怕，他的恐惧反应很微弱。他没有接近老鼠，只是远远地看着它。之后，他开始向后退，并大哭起来。

接下来的3天里，我们慢慢训练波比，他也开始逐渐适应，并和老鼠在一个围栏里玩，还敢用手去摸它。他没有对老鼠表现出恐惧。后来，我们不再用老鼠对他进行刺激。

实验时间：1月30日。

大约过了两个月，我们再次带波比来实验室。之前，我们没有对波比进行过任何特殊的刺激实验。进入实验室后，波比就在围栏里玩。过了一会儿，一位实验者手里拿着一只老鼠走了出来，波比看到后被吓得跳起来，他跑出围栏，大声哭泣。老鼠被重新放进笼子里，波比跑到实验者面前，紧紧抓着她的手。显然，波比受到了惊吓。

案例3：被实验者艾利诺，21个月大。

实验时间：1月17日。

当艾利诺在围栏里玩耍时，一个实验者拿着一只青蛙出现在她背后。艾利诺发现后，眼睛盯着那只青蛙并走向它，还伸手去摸它。这时，青蛙跳了起来，艾利诺随即向后退了几步。后来，只要一看到青蛙，艾利诺就会做出强烈的反应，她不停地摇头，还使劲推实验者的手。

实验时间：3月26日。

两个月以后，很久没有跟青蛙接触的艾利诺，再次被带到实验室。当她看到跳着的青蛙后，不停地往后退，哭着跑出了围栏。

上述这些测试以及类似的测试结果告诉我们，消除情绪干扰的方法和我们设想的并不一样，也就是说，效果极其有限。由于各方面因素的影响，我们对这项研究的实验没有持续太久， 这也导致我们的研究产生的证据不够完整。

02. 用言语消除恐惧的实验

我们想要尝试的另一种方法，就是用言语来组织儿童对引起恐惧反应的物体进行反应。不过，在赫克希尔基金会做过的实验中，那些孩子的年龄大都不足4岁，这也限制了实验的可行性。如果我们想进行这方面的实验，必须要满足一个条件，那就是儿童得具有一定程度的语言组织能力。

幸好，我们找到了比较合适的被试，一个5岁的小女孩。我们发现这个女孩组织语言的能力很强，当即决定让她担任我们进一步实验的被试。

我们的实验是这样的：把一只兔子突然放在这个女孩面前，看看她有什么反应。结果，女孩在看到兔子的一瞬间，立刻就作出了恐惧反应。接下来的一段时间，我们没有让她跟兔子接触，但每天都会让实验员给她讲和兔子有关的内容，还给她看《兔子彼得》的连环画，并进行讲解；偶尔还会把兔子玩具、塑料兔子模型给她玩；同时还给她讲了不少有关兔子的故事。在讲故事的时候，还会不时地问她："你的小兔子在哪儿呢？"或者对她说："我摸过你的小兔子，它很听话呢！"

连续一周的时间，我们都在进行这样的言语组织，可是，当我们再次让她看到兔子时，她的反应和第一次看见兔子时一模一样。当时，她正在玩玩具，看到兔子后，她立刻放下玩具，开始向后退。实验者去哄她，或是拿着兔子时，她也会很小心地去摸兔子。可是，只要实验员把兔子放在地上，她就会哭喊着说"拿走"。

可见，如果言语组织无法跟动作或内脏的顺应连接起来，想要消除女孩的恐惧反应是很难的。

03. 依靠社会消除恐惧的实验

学校和操场能让孩子们结识更多的人。在一群孩子中，如果其中的某一个孩子很害怕某一种东西，而他周围的孩子却都不像他那么害怕，这个孩子多半都会遭到嘲笑，被指为是"胆小鬼"。我们所做的实验，就是把这个因素运用到一些儿童中，看看会有什么样的结果。

案例1：被实验者阿瑟，4岁。

实验员把阿瑟独自放在游戏围栏中，没有其他孩子陪他一起。正在玩耍的阿瑟，在看到鱼缸里的青蛙后哭喊起来，说“它们咬”，然后跑出了游戏围栏。之后，他被抱进一个房间，里面有4个小男孩。进入房间后，他有点害怕鱼缸，不停地往前推另外4个孩子。这时，其中的一个孩子伸手拿起青蛙，转身走向阿瑟。阿瑟大叫一声，连忙跑开了。那几个小孩开始嘲笑阿瑟，并拿着青蛙在后面追他。整个过程中，阿瑟的恐惧反应一直没有减少。

可见，在特殊的场合中，恐惧并不会减少。

据此我们可以断定，用这样的方法来消除恐惧是很不安全的，它不但无法减少儿童对动物的恐惧反应，还可能会对整个社会产生负面的影响。另外的一些实验告诉我们，用合适的社会方法，也就是社会模仿，可以有效地减少恐惧反应。

案例2：被实验者波比，30个月大。

实验者把波比放在围栏中，与玛丽和劳雷尔两个小朋友一起玩耍。片刻之后，实验人员带着装有兔子的笼子走进来，波比看到兔子后开始大哭，他叫着“不，不，不”，让实验员把兔子拿走。可是，小女孩玛丽和劳雷尔在看到兔子后却很兴奋，还展开了热烈的讨论。这时，原本很害怕兔子的波比，看到小伙伴们兴奋的样子，也开始有了兴致，慢慢地凑到跟前，说：“什么？让我看看。”

由此，我们可以断定，在社会环境中，好奇和自信压制了波比的其他冲动。

案例3：被实验者文森特，21个月大。

实验时间：1月19日。

文森特一点都不害怕兔子，哪怕用兔子的爪子去碰他的脸，他也不紧张，还会笑着去抓兔子的爪子。有一天，我们把他和露西放到围栏里一起玩。当露西看到兔子后，吓得大声哭喊。在这样的氛围下，文森特也逐渐对兔子产生了恐惧反应。在平常的游戏房里，露西的哭声不会影响到文森特，可只要露西的哭叫和兔子有关时，就会提醒文森特。通过这样的方式，恐惧发生了迁移，一直持续了两周左右。

实验时间：2月6日。

埃利和赫伯特在游戏围栏中跟一只兔子玩。过了一会儿，文森特被带了进来。当他看到兔子时，瞬间就提高了警惕，他不敢靠近兔子，站在稍远的地方。埃利看到文森特呆呆地站在那儿，就走过去拉着文森特的手，带他一起靠近兔子，还引导他去摸兔子。这时，文森特露出了笑容。

我们在实验中得到这样的结果：如果一个儿童原本没有对物体产生恐惧反应，当他和已经对物体产生了恐惧反应的儿童在一起时，他的行为会受到后者的影响。所以说，不管用什么样的方法去消除恐惧反应，都难以产生特殊的效果，也不可能不伤害到儿童。

第5章

人格的魅力：行为主义者眼中的“人格”

环境改变的程度越高，则人格改变的程度也越高。

——约翰·华生

有 100 个人，就会有 100 种对人格的定义。人格，通常跟人的主观方面有联系，是在遗传、教育、环境等因素的共同作用下形成的。每个人独有的心理特点，都是源自不同的遗传、生存和教育环境，对“人格”最普遍的解释也是基于此。

不过，行为主义者对于“人格”的定义却很独特，他们不相信遗传和天赋，不赞同人格可以继承的观点，而坚信人格是可以塑造的。所以，行为主义者把人格与行为等同起来，认为人格是整合了个人行为，且能够通过测量行为来研究和塑造。行为主义者还坚信“环境决定论”，认为环境对人格的影响至关重要，甚至是决定性的。

那么，行为主义者究竟会怎样定义人格呢？他们喜欢把那些缺乏明确定义的词汇抛弃，却唯独这个词汇保留了下来，因为它在心理学体系中是普遍适用的。通过本章的学习，我们可以清晰地了解行为主义者眼中的“人格”。

01. 行为心理学家对人格的解释

我们进行了很多实验，来分析个体在不同的情境下会做什么。我的想法是，要想了解整部机器的价值，必须要看看它的轮子。所以，接下来我们要做的就是，尝试着把人看作一部即将派上用场的组装机器。看上去似乎很简单，只要我们把轮子、轮胎、轴、变速器、发动机和机身组装起来，就能造出一台机动车。根据它的构造，我们判断它适合做什么，以便将它投入使用。如果它是福特，可以用它来送货，哪怕气候条件很糟糕，路面坑坑洼洼，它也能应对，用它来跑集市非常合适；如果它是劳斯莱斯，给那些会见较高层次人士的生意人当交通工具比较合适，这样能凸显他们的身份和地位。

现在，我们就将这种情况套用在人的身上。

假设有一个叫约翰·杜的人，他由下面的这些部件组成：头、手、手臂、躯体、腿、脚和神经、肌肉以及腺体系统。约翰·杜没什么文化， 年龄偏大，身体强壮如牛，每天进行体力劳动对他来说不算什么。他有点笨，不会说谎，也不懂情趣，更不会笑，略显迟钝。适合他的的工作很有限，比如清理大街、挖渠、伐木等。

假设还有一个叫威廉·威尔金斯的人，他和约翰·杜的身体部件一样，但他容貌姣好，受过教育，去过不少地方。对他来说，外交家、政治家、房地产商等工作都能胜任。但是，他有说谎的陋习，人们很难信任他，他特别自私，很在意职位和薪水，且经常在下午擅离工作岗位，跑出去玩牌或打高尔夫。

我们将约翰·杜和威廉·威尔金斯看成两部机器，并了解了他们的大致情况，且发现两者有很大的不同。他们的身体部件没什么两样，那么，最终的差异是从哪儿来的呢？

在出生的时候，每一个健康的个体都是“平等的”，《独立宣言》中也提到过这一点，我们认为这一“平等”是“与生俱来的”。个体在出生之后所经历的事情，直接决定他会成为一个什么样的人，比如做苦工，或是成为外交官、商人、科学家等。

那么，怎样来对个体的人格进行判断呢？

行为心理学家认为，观察一个人在日常复杂活动中的行为表现，就能推断出他适合做什么，不适合做什么。这种观察不是短期的，需要一定的时间，否则难以得出结论。个体在物质条件充裕和不充裕的情况下会做出什么样的行为，在经受压力和诱惑时会做出什么样的行为，都需要我们认真观察。换而言之，要详细地描述某个个体的人格，我们需要让个体在商店里接受各种各样的测试，这样才能了解他是什么类型的人。

我们为什么要去检验个体在这个世界上的发展历程呢？我对这个问题充满了疑问，比如：约翰·杜的工作习惯是什么样的？他是个什么样的丈夫？他在工作中如何对待同事？他是否讲道义？他曾经被很好地抚养过吗？他在成长的过程中有没有不良的习气？他是个值得信任的人吗？他在朋友遇难时会不会伸出援手？他生活得开心吗？他工作上进吗？有没有吃苦耐劳的精神？

行为心理学并不关心个体的道德问题，甚至也不关心一个个体是什么类型的人。但无论社会是否要求他分析，他都必须要对个体进行研究。

作为行为心理学家，我们想要解答我们被抚养的问题，也想对其他所有可以询问约翰·杜的问题进行解答。花费大量的时间和精力，去证明一个人适合做什么，预测其将来的能力，只是为了社会在需要这样的资料的时候，能够提供一些可靠的内容，这是我们行为心理学家科学工作的一部分，也是我们的工作职责。

02. 如何对人格作出正确的判断

个体在年轻时习惯模式形成、成熟和变化时，是其人格变化最快的时期。女性在15~18岁会逐渐从女孩变成女性。一个女孩在15岁时，跟同龄的男孩、女孩就是同伴的关系，可到了18岁时，她却变成了每个男性的性对象。

人格变化的过程是逐渐减慢的，个体进入30岁后，人格变化的速度会进入极其缓慢的阶段，这是我们从研究人的习惯的资料中获悉的，有科学的依据。研究资料还表明，大部分人在这段期间开始安于现状，行为组织体系的模式不再发生变化，除非持续受到一个新环境的刺激时，才会继续发生变化。如果你仔细观察一个日常的30岁的个体，你会发现，他在今后的几十年里的变化很微小。如果一个30岁的妇女，平日喜欢说闲话，习惯幸灾乐祸，讲话声音很大，和邻居的关系很紧张，那么，就算她到了40岁或是60岁，情况也不会有什么变化。

普通人不需要认真研究他人的人格，往往也能够判断出周围的同事的人格。不过，为了快速地适应生活，迅速判断出他人的人格，会让我们养成一种喜欢依靠表象判定他人的习惯，这种做法很容易伤害到他人。有时，我们会扬扬得意自己能快速判断出他人的人格，认为自己能够一眼看出自己喜欢或不喜欢的人，并坚信这种判断是对的。事实上，用这样的方式去观察的人，会在他的行为表现中，发现一两件不同于我们特殊的倾向性与喜好。这样的情况太普遍了，因此我们可以得出这样的结论，那些关于人格的判断理论并不真实。我们只有采取客观的方法观察个体，才能对人格做出正确的判断。

尽管短期的观察和私人访谈，以及职业测试和智力测试，能让我们发现一些问题，但要掌握一般工作习惯、道德习惯、情感习惯的资料，还是需要长期地观察在复杂情境中工作和生活的个体。

当然，每个人都能收集他人的人格资料，但接受过专业训练的心理学观察家，以及突破自己人格限制的人，在观察上更为精准。

在对人格进行研究时，我们选取的大都是职业方面的案例，这可能会让一些人产生疑问。事实上，案例中介绍的那些方法，不仅仅适用于职场，还适用于很多方面，如交友、择偶等。现代社会，人们的婚姻频频亮起红灯，导致这一问题的原因很多，其中就包括青年男女相遇、相交的快速性这一因素。在性刺激的支配下，青年男女无法理性地观察对方，致使结婚之后，发生了人格碰撞，有勇气面对的人就选择了离婚。当然，至今为止，尚未有一种真正的方法，能够预测出两种人格能否在婚姻中共存，只能在婚后去发现。我在咨询工作中发现，性顺应的重大失败，是导致婚姻最大问题的源头。

两个人生活在一个逼仄的空间里，必须拥有真实而坦率的性顺应，才能拥有共同的幸福生活，否则是很难实现的 。我曾经先后对25对年轻夫妻进行过访谈，他们之中只有一对真正能够做到性顺应。差不多每个案例中出现的问题，都跟他们的行为密不可分。这就是说，他们在身体上没有问题，真正的问题在于行为。矛盾的原因主要来自哪些方面呢？不良的教养和性组织是关键。通过我们的指导，他们拥有了性顺应。如果年轻的夫妇能够在婚前得到适当的指导，他们的婚姻状态都会得到相应的改善。但是，给予指导并不容易。通常，父母和家庭医生给出的指导往往都是不恰当的，而这些不恰当的指导会造成严重的危害。

我为什么要跟大家谈论这些呢？首先，我认为，人格的所有方面，都有助于维系良好的婚姻状况；其次，如果年轻一代不曾面临这样的问题，我们现行的没有被社会试验过的婚姻制度，很可能会在今后几年里遭受重创，且大城市的状况会更明显。

当我们有了人格判断时，该让它发挥出怎样的效用呢？很简单，我们可以将其作为一个依据，以此来雇用和解雇行业中的人员；或是以此为指导，对人员进行降级和提升。与此同时，我们的社交关系、朋友关系和生产关系也建立在这个基础上，我们可以根据对某人的人格判断，选择是否要跟他们交往。毫不夸张地说，这也是我们做出选择的唯一依据。

03. 探究人格的五种方法

如果我们都是人格观察方面的专家，在对个体的人格进行判断时严格遵循客观的方式，那我们要通过什么渠道来获得正确的信息呢？我们提供给大家的探索方法有以下几种：（1）研究个体的教育图表；（2）研究个体的成就图表；（3）使用心理学的测试；（4）以个体的业余时间和娱乐活动为依据展开研究；（5）结合个体在日常生活的实际情境中的情感特点来研究。

研究个体的行为和心理结构没什么捷径，必须要坚持务实的态度。在这个领域中，心理学骗子比比皆是，他们相信存在捷径，可如果用他们的方法去做就会发现，根本行不通。所以，我还是希望大家借助前面介绍的几个方法来研究人格，这倒不是说在研究人格方面行为心理学家有明确的科学体系，只是我们对这方面的研究都是有依据的，是按照实践的、常识的、观察的方法进行的。

·研究个体的教育图表

我们可以根据个体的教育经历绘制一张图表，以此来获得个体人格的翔实资料，收集想要的信息。比如，他是否读完了小学？有没有中途辍学？为什么辍学？跟家庭的经济状况有无关系？还是其他的什么原因，比如渴望冒险？他读过高中吗？高中毕业后是否考上了大学，并读到毕业？

且不说他的智慧与才能如何，倘若他一直坚持下去，就证明他有良好的工作和学习习惯。在我看来，工作习惯是一份重要的资产，关系着个体能否胜任一份工作。在看他的图表曲线时，我发现下降的开始点是大学。我认为大学是他成长、成熟的地方，也是他改变在家里养成的习惯的地方；是他学会如何与人融洽相处、得到如何为人处世的方式的地方；也是让他养成干净、整洁的习惯，把衣服熨烫平整的地方；更是教他如何尊重女性，让自己变得更绅士的地方。总之，大学就是一个探索如何更好地利用业余时间，以及寻觅文化的地方，也是教他学会尊重思想，学会思考的地方。如果他做不到这些，那大学教育就是不成功的。我读了四年大学，学的是拉丁语和希腊语专业，可是毕业后的我，到现在仍然不会写希腊字母，也看不懂希腊文的书，如果我要靠它生存的话，那就真的成了大问题。

不得不承认，读过大学的人更容易获得成功，在人生路上会比没有读过大学的人顺利，少一些波折，也更容易被人喜欢。可即便如此，我们依然不能说，那些没有读过大学的人，就不具备获得成功的潜质和机会。

·研究个体的成就图表

我认为，在判断个体的人格、特点和能力时，个体每年所取得的成绩是一个重要的参考因素。想要了解个体每年所取得的成绩，我们可以为他绘制一张图表，写上他曾经担任过什么职务，任职多长时间、每年工资增长多少，并以此为依据来进行客观的评价。如果一个男人今年30岁，已经跳槽20次，且在跳槽的过程中没有任何提升，那么，他在10年后可能还会跳槽20次。如果我有充足的启动资金来做生意，我不会雇佣一个30岁、要求每年年薪不低于5000的人，我会选择一个40岁、薪资要求更低的人来担任重要的职务。这里，没有快速的、一成不变的检测法则，除了特殊情况以外。但有一点可以肯定，在个体发展中，一个人每年工资的增长和职位的上升，是一个非常重要的因素。

同样的道理，如果我们想了解一个作家的成就史，我们很有必要绘制一张他的稿费收入表。如果他在30岁时，在主流杂志上刊登文章获得的稿费，与他24岁时获得的字数稿费是一样的，但就说明他资质平平，很难在文学上取得大的成就。事实上，如果我们想预测一个有机体的各项器官是否完好，他的身体器官能否在将来正常运作，那我们要借助他的成就来判断，参照我们所依据的标准来评价，这一点既适用于商场，也适用于文学和艺术领域。

·使用心理学的测试

自从闵斯特伯格率先对工业心理学进行研究后，心理测试作为研究人格的方法就获得了突出的成绩，并逐渐成为企业家选择雇员或工人的参照标准。

现在，商业组织已经发现，这些理论中有一部分是不现实的，完全是心理学家的幻想；还有一部分是商业机构缺乏务实的态度所致，它们一直等不到心理学家给出发展特殊商业所需要的方法。各路商行不太愿意过多地投入心理学研究工作，但他们又期待心理学家可以加入其中，用其他的办法帮助商业主管们解决行业中的棘手难题，比如员工如何选择、入职后的安排和提升、工作的效率以及成就感，这是我能想到的。总体来说，在我们的感觉中，人格是一个重要的参考因素。

有一点我们需要牢记，职业测试只能标示清楚在特定时间内完成一些事情的全部能力，它是有误差的。做某些事情的全部能力，不能等同于个体“系统的工作习惯”。在饥饿或是需要有个容身之所的时候，人会很努力地工作，可熬过了这样的境遇，他能够吃饱、穿暖、有地方住，之后他还会像从前一样努力工作吗？在今后的工作中，他可能会养成时刻看表的习惯吧？不少个体都是这样的。

我认为，应当以一个人的工作习惯为依据，考察其基本特征，比如他是不是真的热爱自己的工作？他愿不愿意承担高强度的工作？他的工作时间是否比指定的更长？他在完成工作后是否会对工作场所进行打扫？我发现，个体在很早之前就已经吸收了那些好的东西。不然的话，那些东西将永远不被其拥有。直至今天，从这方面能得出个体能力或弱点的心理学测试尚未出现。

·以个体的业余时间和娱乐活动为依据展开研究

每个人在业余时间都会用自己的方式娱乐和消遣，有人喜欢运动，有人喜欢读书，有人喜欢听音乐，也有人喜欢酗酒、开快车，或是沉迷于性；还有一些人，非常喜欢自己的工作，时时刻刻都想着工作。

在我看来，娱乐和运动是很外露的东西，有些娱乐和运动对我们有好处，有些却会伤害到我们，如酗酒、超速驾驶等，它们会威胁我们的健康或是生命安全。

室外运动是很好的休闲方式，不仅能强身健体，让人产生竞争意识，还能加强合作。如果我发现某个人很喜欢室外活动，如钓鱼、打猎、跑步、各种球类运动，我会觉得这些运动形式有助于帮我研究此人的经历。

我对室内运动也做了一些研究，如跳舞、打牌等。我觉得，如果一个人不具备赚钱的能力，却希望精通某一项娱乐活动，简直难于登天。同样， 一个人不够友善，没办法跟周围的人融洽相处，他也很难精通某项运动。鉴于此，我想可以暂且下这样一个结论，娱乐和运动能够引导我们更好地研究个体人格。

·结合个体在实践条件下的情感特征来研究

在研究个体人格时，就算我们之前研究了相关的因素，如教育经历、娱乐活动、个人成就等，依然难以准确地判断个体的人格。一个人在工作习惯和身体语言方面游刃有余，可他未必能跟周围人融洽相处，他很可能会被人排斥和厌恶。也许他不太友善、很抠门、自负或自卑，让人只想敬而远之，一旦靠近就感觉可怕。当然，这只是那些在情感方面没有得到充分发展的人，他们在这方面是不成功的。

通过观察，我们研究了这一现象。假如你想邀请一个人，或是去探访一个人，但你不太了解他，所以有点迟疑。在这样的情况下，你不妨先观察他，看看他朋友多不多，能否与跟朋友维持长久的关系？如果答案是否定的，那就可以判断，这个人不太好相处，不管他在工作方面的表现优秀与否。

我们发现，在判断人格的时候，像说谎、诚实和其他一些道德品质，是难以进行判断的。对于这些，几乎没什么方法能够发现它们，唯一可行的方式就是查阅个体的经历，观察他近期的生活，以此了解个体人格中的这些方面。在进行观察时，还要不断延伸观察的范围，比如扩大到他的朋友圈，要有耐心，多花一点时间，如果时间太短，很难做到准确观察。

如果人们在写信时，能实事求是地描述事实，我们就能更加准确地判断出个体的情感特征。不过，很少有人能够写出接近真实的信，这就让那些推荐信的参考价值大大降低。其实，到底能不能从个体的情感特征中获得有价值的判断，我是持怀疑态度的，比如个体与他人的相处能力，能不能作出准确的判断？他是劳动强度大时，还是劳动强度小时，选择积极努力地工作？

是独自一个人的时候，还是跟大家一起的时候，他的工作效率更高？在工作习惯方面，他是否很马虎？他在工作方面能够很好地适应吗？他会不会隐藏那些不适应的方面？在被鼓励时，还是在被责骂时，他会表现得更好？

我们很难在短时间内，通过一两种习惯，就对个体的人格作出正确的判断。我认为，想要比较准确地对个体的人格做一个定论，需要提供一所预备学校，限制一个固定的时间，让个体能够接受各方面的观察。如果一个人能力很高，也就是有相当好的身体和言语组织，可他在工作上却屡屡受挫，很有可能是其内脏组织的缺乏导致的，即缺乏良好的平衡情绪的训练。我换一种说法，你可能更容易理解，我用这样一些词汇来表示，如个体是敏感的、固执的、自负的、排斥批评的等等。我们必须将个体置于某种情境中，就像我们研究婴儿的时候一样，才能获得这些情感因素。你知道，这些是没有组织的婴儿时期的反应类型，是婴儿时期残留下来的。在一个星期或一个月的工作过程中，他们可能很少遇到这样的情境，所以要对个体进行长时间的观察。我认为，商业机构多少可能会认可这一点，所以他们准备延长预备训练的时间，包括岗位调动。

04. 人格的研究没有捷径可走

如果我们采访一下被试，能否通过这样的一次访谈，就了解与人格相关的内容呢？

的确，在与私人访谈的过程中，我们可以了解到个体的部分情况。

可是，私人访谈只进行一次是不够的，必须进行扩展，那样我们才能获得更多的信息。

需要注意的是，我们必须重视访谈期间的一些细节，很多细微的情况都值得被发现和利用，比如他说话的语气、走路的姿势，以及他的外表，都对观察有重要价值。我们可以通过一个人的这些表象，快速判断出他是否接受过教育，举止是否优雅。有的人在接受访谈时，嘴里叼着雪茄，不脱下帽子；另一些人表现得惊慌失措，甚至连话都说不出来；还有的人在接受访谈时，总是自吹自夸，让人忍不住想远离。

一个人的衣着，可以反映出他的行为。他是否爱干净，我们看看他的衣着就可以知晓。如果他的衣领很脏，手和手腕上也有脏东西，那我们可以断定，他不太爱干净、举止粗俗。可是，从私人访谈中，我们很难知晓一个人的工作习惯，也无法知晓他是不是诚实可靠，会不会坚持原则，以及他的个人能力如何。就像我在前面所言，想判断一个人的人格，必须要详细地了解其生活经历。

人们为什么都深信自己能够判断人格呢，无论他的身份是官员，还是普通百姓？可能最主要的原因就是，他们太相信自己了。在他们生活的那个圈子里，人格把一个标准抛给了他们。

如果要你从一群到办公室里申请做勤杂工的人中，或是一群来申请其他简单工作的人中，蒙住眼睛去挑一个人来任职，你选对人的概率只有一半，或是稍微高一点点。通常情况下，我们对工作标准提出的要求并不高，所以每一个在办公室里工作的人都能游刃有余地处理自己的工作，一旦提高了标准，这些人就无法顺利地完成工作了。

虽然不少的办公室主管目光都很犀利，也见过了那些申请工作的人员，并向他们发问，对其回答进行了记录，以便了解他们的本质。然而，用这样的方式选择人才，并不是最好的，它无法提高挑选的准确率，只是比随意选择的方法稍强一点。正因为此，才让不少心理学骗子有了可乘之机。

05. 人格的改变和言语的关系

通过改变环境，我们可以改变人格，但有一点我们至今都很少想到，那就是用这样的方法改变人格会遇到一个困难。当我们尝试用改变个体的外部环境来改变人格时，就会跟这个困难不期而遇——我们无法阻止个体会用言语和手势的形式使用他原来的内部环境。

如果我们把一个没有任何工作经验的人，一个被母亲溺爱多年的人，一个城市顶级酒店的投资人，或是一个服饰用品店的老板，送到刚果自由区，并为其设置一个特殊的环境，即塑造一个“边缘人”的情境。可是，他有自己的语言，和之前生活地域的替代品。

我们在学习语言时发现了语言，当它得到充分的发展时，其实是给了我们训练这个世界的复制品。如果他无法掌控目前所处的地域，他很可能会离开边缘区域。这样，他在今后的日子里会一直在原有的被替代的言语世界里生活。这样的人可能会变得很孤僻，不愿与人接触，活在自己的内心世界。

当然，并不是说有一些困难存在，个体就无法改变自己的人格。事实上，还是有可能改变的。老师、朋友、影视作品等，都能够帮助我们重塑人格。但是，如果一个人不想让自己面对这样的刺激， 他的人格就永远无法改变，而这样的人也不可能让自己趋于完善。

第6章

人性的弱点：行为主义者眼中的“人性”

一个人越是密切地观察人类生活，他就越能得出这样一个观点：看起来最有实力的东西恰恰是一个人的主要弱点。

——约翰·华生

人性中有不少弱点，我们很难精准地把这些东西描述出来。事实上，一个人对人类生活观察得越密切，就越会形成一种难以磨灭的观念，那就是一个人最大的弱点，就是他最值得炫耀的东西。人性的弱点包括自卑、自负、易怒或强迫等，行为主义也为解决这些弱点提供了一套完善的解决方法。在他们看来，这些弱点大都来自于婴幼儿时期，且通过行为产生。行为主义者不愿意谈论“心灵”，认为人性的弱点和优点跟意识没什么关系。所以，不管是克服人性的弱点，还是塑造良好的人格，都可以从改变行为或刺激反应方式入手。这一章，我们将从行为主义的层面对人性进行阐述。

01. 不要被心理学骗子迷惑

人们在很多方面都采用了正统心理学家创立的理论，在人格研究中也被多次使用，正因为此，才导致许多心理学领域的寄生虫诞生，也就是“骗子”。这些人中有不少知名人士，他们直至现在依然提倡用我们摒弃的“精神”来沟通。他们声称，人的外胚层是存在的，有些人可以依靠某种神秘力量影响周遭的普通物体的物质平衡。不少人反对这一结论，霍迪尼先生就是其中抨击呼声最高的一位。不过，也有一些学者的观点，对心理学领域中寄生虫的繁衍起到了助推的作用，比如奥利弗·洛奇先生和阿瑟·柯南道尔先生。

我认为，恰恰正是因为洛奇和柯南道尔这些人，我们才无法继续用“骗子”一词来称呼他们，将他们称为“误入歧途的热心者”可能更合适。这些人已经慢慢老去，可他们依然活跃在历史的舞台上，就像孩子一样，很怕离开这个世界。这些人对社会造成的最大危害，可能就是引起某个精神病患者的偶然自杀——如果他的外胚层可以脱离自己的身体中，彻底远离这个冷漠无情的世界，他一定会为这个幸福的状态而兴奋。

最令人气愤的的骗子是那些为各行业提供服务的人，他们只在所谓的服务事业中投入了极少的资金，为工厂、机关单位选择人才，为受雇人员提供特征和人格说明。行为心理学家对他们的这种行为深恶痛绝，因为他们给人造成了严重的危害。

前不久，我去参加了讲座，就是由这类人主持的。他从表面上介绍了自己的几百种观点，大概意思就是，他可以讲出每个人的特征，并且判断出哪些工作适合他们，还说自己的这些解释基本上没什么误差。讲座结束后，我请他帮我解答一个问题：如果我带着6个16岁的孩子去他办公室，他是否愿意用他的方法，帮我从这些人中挑选出3个正常人和3个低能人。我不需要他告诉我，这些人适合做什么，也不想知道这些人的性格和人格要点，我只希望他能告诉我：这几个人中谁是正常的，谁是低能的？当然了，第一步要做的还是解释性格和选择人格。事实上，我提出的这个问题并不复杂，也没有侮辱他的意思，可他听完我的请求后，却非常生气，说我故意给他出难题。

有些人说，他能根据照片来判断一个人的性格。我曾经在一篇文章中委婉地表示过，用这种方式判断他人的性格是错误的。我的这些观点可能让一些人受到了伤害，因而招来个别人的反驳，他写了一篇很长的论文，说不是每个人都能做到他做的这件事。在他的机构里，有一些文科硕士生相信他的能力，并愿意拿出1000美元资助他进行下列的研究：

·从“无助之家”里选出这样一群人：这些人从很小的时候就流落街头，或是没什么价值，大家都很了解他们的经历。

·从监狱里挑选出这样一群人：他们从少年时期就开始违反法律。

·从学者中选出这样一群人：他们博学多才，在各自的领域名声显赫，经常能在报纸杂志上看到他们的照片和名字。

统一给这三组人剃须洗澡、换上晚礼服，拍标准照，要求各方面条件都一致，以此来显示公平。在开展这项实验时，有些人表示反对，他们就是所谓的照片分析家，为此实验被中断了。

还有一种骗子，从人的身体特征入手，指导他人去了解一个人的特性。我们时常会留意一个人的肤色、发质、指形等，并把这些东西跟某种类型的行为、个体的总体成就联系起来。但是，能否用这种方式得到精确的判断，我们永远不能给出确切的证明。可有一类压根没有接受过科学的心理学训练的人，他们也不曾对心理学实验给予什么帮助，却坚持说自己有办法挑选出适合不同职位的人才，且准确率极高。他们的说法并不值得相信，但他们的广告却经常出现在知名的杂志和报纸上，而这些媒体在刊登杂货店或药品的广告时，会详细审读其中的每一条说明。

心理学家认为，要找出某种身体特征和某种能力之间的关联，不是一件简单的事。任何一种简单的身体特征，或是任何一组身体特征，想把它们跟任何一种能力或几种能力联系起来都不容易。

当我们静静地观察一张照片和一个静态的人时，能描述出的信息只能是这个人看上去身体健全，智商也正常，不是白痴或傻瓜。我们在这样的情况下，只能作出主观判断，甚至根本不敢说他是否属于“低能人”。事实上，就算我们采访一个人1小时，有时也会因为一件很简单的事而作出错误的判断，我就亲身经历过。

前段时间，我认识了一个人，先是跟他打了20分钟的电话，之后又见面聊了半小时。这个人受过良好的教育，且能力很强，但他看起来似乎正承受着压力。其实，我们很多人都有压力，尤其是第一次见面时，在起身离开之前的2分钟，他拿出一张1000美元的支票，跟我说他的工作是修理缝纫机的，日薪1000美元。我与他进行了50分钟的访谈，在访谈结束时，我已经推翻了之前的判断，并认为他是精神错乱的。随后，我认真查阅了他的经历，确信自己的判断没错。

毫无疑问，心理学骗子对社会造成的危害是巨大的，它让科学方法无法正常地建立和传播。生活中一些老板在选择和提拔人才时，总想着应该依靠某些神奇的方法，这样做的结果，恰恰把真正的人才拒之门外。

我跟大家讲一件事：有很多人因为职业受到干扰来找过我，我就不说具体的人数了。这些人在工作方面很优秀，但一些性格学家却跟他们说，如果他们将来去从事外交、歌剧， 或是进入比他们现在的工作更为广阔的领域，会更有前途。他们被这样的说辞动摇了，觉得自己应该重新选择工作，放弃现有的一切，听性格学家给予的建议，去追寻能给自己带来更好的发展前途的工作，也就是未知的、未经证实的未来。

我愿意花一点时间告诉大家，社会上出现的心理学骗子经常用的那些手段。在这里，我给大家列举一下不同类型的骗子的手段。

在这些骗子中，颅相学家是快速的人格阅读者之一，他们只需要摸一下你的头，就说他已经了解你了；他摸过你的头颅后，说脑子里已有某一部分展开，你的能力和职业归属就在那里。他还绘制一个表格，把你的能力标出来，可是碰触到的头颅和脑的形状、大小完全无关。

颅相学家碰一下我们的头盖骨，有可能就是轻微地按压了一下头盖骨，此时会造成两种情况：推进或推出。通常情况下，脑是平滑的，很像在一种液体中漂浮着。另外，我们已经放弃了脑的“官能”和脑的定位，随着科学的发展，人们对物质世界有了更多的认识，因而颅相学在几十年前就消失了。现在，神经学已经成为一门科学，它关注的也不仅仅是心理学的范畴。

笔迹学家属于另外一种心理学骗子，他们判断个人潜能与性格的途径是看一个人的书写，即一个人在书写过程中怎样写一笔一划，字迹是否清晰，笔记倾斜的方向，都能透露一个人的人格。我希望大家不要被这些说法迷惑，依靠笔迹来了解人格的方法，顶多只能做个消遣娱乐。但是，从一个人的书写中，我们还是可以获悉一些东西的，比如一个经常写错字的人，可能比较马虎，写字的速度较快。

有些心理学家很久以前就试图了解，能否从一个人留下的书写作品中，探寻到一些跟人格有关的东西。这种研究到今天还在继续。有一些研究者们已经发现，某种笔迹和某种能力之间存在关联的说法是完全不靠谱的，没有科学性可言。人们以为笔迹学家至少能够从笔迹中辨别书写者的性别，可就这一点他们都难以做到。前段时间，我翻阅了一大批的签名，这些签名只有姓没有名字，看过我以为它们都是出自男性之手。结果，经过询问后才知道，我的错误率竟然达到了80%。其中有80%的签名都是出自女性之手。

02. 成人的人格弱点

人性的弱点很多，要简单地描述出失败的主要原因，真的很难。实际上，一个人对人类的生活观察得越多，就越会深刻地认为，一个人看起来最有实力的地方，往往是他最明显的弱点。我们不妨结合下面这几个有关人性弱点的研究来阐述：自卑、对恭维话的感受性、为了成为国王和王后不懈努力、婴儿时期遗留下来的不健康人格的一般原因。

· 自卑

我首先要跟大家讨论的是：自卑被“组织”列为这一系统的步骤。

精神分析学家们深入地分析过这一问题，但我想说的是，在科学术语中究竟发生了什么？换而言之，什么是自卑的来源？

多数人已经形成了一组遮掩自卑的反应，比如害羞、沉默、发火，以及对社会问题或道德问题秉持守旧的态度等。这就如同，自私的人通常会给自己设计一个好看的幌子，用来掩盖自私的一面；卑鄙下流的人，往往比别人更喜欢强调贞洁；容易被诱惑的人，最爱标榜自己的道德观，声称行为水准是生存的奠基石。其实，他们的内心特别脆弱，他们需要用这些反应给自己力量。

我们的组织习惯系统是为隐藏身体的自卑提供服务的。一个身材矮小的人，通常说话的声音都很大，在穿着上比较开放，行为也比较激进，给人一种“趾高气扬”的感觉。他是为了吸引他人的注意力，故意选择用一些特殊的方式来展示自己。

女性在这方面表现得更明显，一个相貌平平的女性，为了掩盖自己的平凡， 会采取各种各样的办法，来拉近和那些漂亮女性之间的差距。她们的五官可能不太好看，但会把外形装饰得很好；她们的手臂可能不太柔美，但她们的腿却非常修长，能被有鉴赏眼光的艺术家们欣赏。如果在相貌、身材方面没什么优势，她们会尽量把自己打扮得时尚一些；要是身体太胖难以有曼妙的身姿，她们就会选择坐豪华的汽车，用闪耀的珠宝来作为装饰。

无论如何，绝大多数人都不可能让自己长久地面对自卑。对于我的这一观点，有些分析学家提出了异议，但我认为事实就是如此。我有不少朋友都是分析学家，他们的理论经常遭到反驳，这一点在其他领域也是常态。当人们对他们所拥有的较大权威进行挑战时，他们会特别生气。

很多人都说，当人们疯狂地宣传自己好的一面时，通常都是为了炫耀，这对他们来说很必要。我们必须认可这一点，这就跟婴儿渴望得到奶瓶之前所作的一个动作一样。那么，人们为何要这样做呢？

实际上，这些所谓的“补偿”，早在婴儿时期就已经存在了。大人总是喜欢夸孩子聪明，甚至说他比邻居家的孩子聪明。人们都很爱自己的孩子，愿意为他付出更多。分析学家将其称为“自我”的表达。这种“自我”很早就已经形成，当我们还在母亲膝盖上时，这种有组织的习惯系统就已经形成了。恰恰是父母的自卑导致了这样的结果，人们总是努力维护自己的孩子，不管他长得是矮还是胖，在面对邻居的时候，他们还是会从自己孩子身上找出一些邻居孩子身上没有的东西。如果邻居的孩子脚很大，他可能会觉得孩子的手长得很好，大小适中，也很可爱。这样一来，孩子从父母那里听到的关于自己的情况全是正面的，没有负面的。如此，他就形成了关于他本人的一种资源的言语组织，他可以去谈论这些优点，却不知道该怎样谈论自己的不足。

·对恭维话的感受性

通过观察男性和女性的人格，人类保护层中的一些弱点呈现在我们眼前。如果你希望有一种武器，可以刺穿多数人的保护层，那么我可以告诉你，它就是恭维话。不过，恭维话已经成为一门艺术，只有那些训练有素、在艺术方面颇有造诣的人，才能游刃有余地使用它。

之前我跟大家讲过，多数人都有一组支配性的习惯系统。这些习惯系统也许是从宗教、道德、职业或艺术中获得的。如果一个人持续受到恭维，跟他在这几个方面的成就相关，那你可以试着用这种方法去接近他，成功的概率很高。毫不夸张地说，如果是一场访问，有时只需要5分钟，能把这个支配性组织的基调定下来。在访谈过程中，禁烟者、禁酒者、效率迷、速度狂等组织，很快就会暴露出来。我们从许多观察中发现，当一个熟悉这方面的人，在结识这些人并跟接近他们的弱点时，这些人们几乎都会做出同样的判断，即“他很伟大，很有智慧，跟他相处很舒服，我认为他应该是我们的焦点。”

性格中的弱点被精神分析学家们称为“回避机制”，比如A为了不伤害别人的感情，不但放弃了金钱，还放弃了原则。他觉得自己应当承担起关心他人、帮他人分忧的义务。正因为这种怯懦，他很难成为一个敢说敢干的人，也不敢向 他人透露自己真实的想法。

是不是坚守某种戒律、诚实的规律以及矢志不渝的信念，就可以让男性和女性不受到伤害？我对此始终秉持怀疑。在我看来，如果放在过去，有可能会免受伤害，但在今天却不一定。现代人的不少行为已经超越了习俗，也经常不遵守宗教禁令，商业活动中的欺诈行为也是屡见不鲜， 以至于需要依靠法律来维护商业诚信。如果不能顺利地解决我们的弱点，继续偏执而敏感，每个人难免会受到伤害。我的意思不是说，我们在今天会做一些违法犯罪的事，比如杀人放火、抢劫银行、卑鄙地利用他人，而是说在某些特定的条件下，我们可能会做出一些不符合道德的事。这样的情况在职场和生意场都很常见，比如你的一位前任为你提供帮助时，你会很周密地为他提供一切他应有的利益。你在任何情况下都很支持他，相信他永远是对的。可当你靠近他，并在权利上与他共享时，你就要少说多听，用耳朵去寻找自己的不足。如果你听说，他在某些时候并不是那么信任你时，就会有一个强烈的声音冒出来。当你最终取代他时，你会觉得不可思议，他怎么会被你这样一个凡夫俗子取代？为了让你的取代合理化，你开始搬出自己的经济实力。这样，你既加强了自己的资产实力，也巩固了自己目前的地位，避免出现之前那样的竞争。

我向大家揭示人的本性，并没有任何不良的企图，只是想告诉大家：我们的行为方式在某些情境中是自发的。很多人知道自己身上的弱点，也有很多人不知道，认为那是人类共有的，且根本不在意自己的弱点。在我看来，心理学在处理人际关系方面上有重要的用途。我这样理解《圣经》里的一句话：想看到别人身上的缺点，唯一的办法就是，先改掉自己身上的缺点。这才是真正令人信服的规则，它甚至比待人的规则更胜一筹，也超越了康德的《宇宙观》。

我们对于黄金法则——“你希望别人怎样待你，你就怎样去对待别人”知道得太少了。有些人在这方面是偏离正轨的，甚至是有问题的。在社会交往中，我们按照这条法则去行事，不一定能得到预期的结果，所以我们经常会身陷沼泽，甚至有时被几种最糟糕的处境包围。

康德的《宇宙观》里说：“有规则的运动适合于构成宇宙。”然而，心理世界变幻莫测，没有什么规则适合于构成宇宙。那些适合于伊甸园的规则，根本不适用于凯撒时代，也不适用于1925年。但是，每个人都会注意到自己的行为方式，且在面对激发他行为的真正刺激时，市场会感到惊讶。我们都能觉察到自己的自私、嫉妒、回避困境、恐惧竞争以及恭维话的感受性，不愿意暴露缺点，甚至为了逃避面对而把矛头指向他人。没错，就是它们构成了人性中令人难以置信的部分。通常，只有在一个人真正和自己面对面时，这些东西才会被揭示出来，且这时会被它们压倒。为了掩盖自身的幼稚行为，人们会想办法给那些不道德的东西找个合理的借口，为自己开脱。所以说，只有敢于直面人性的弱点，不去遮掩的人，才是真正的勇士。

· 为了成为国王和王后不懈努力

每个人可能都希望成为国王或王后，且认为这是自己理所应当享有的权利。之所以会有这样的认知，是因为父母从小就是这样教育我们的，我们后天阅读的书籍也是这样引导我们的。这个梦想，贯穿人的一生。

国王和王后过着令人望尘莫及的生活，他们能得到自己想要的东西，吃着好吃的食物，住在舒服的房子里，有专门的人伺候，满足更多的性欲，享受更多的美好，这不就是多数人童年时代能够享受到的生活吗？正因为此，人们才不愿意告别童年，总希望能够停留在那个时候，支配着别人。工人领袖喊高呼“打倒资本家，劳动者站起来”，就跟我们渴望成为国王如出一辙。同样，资本家希望一直把劳动者踩在脚下，也是渴望成为国王或王后。

这是生活的一部分，没有人能够反对这种争取，且这种争取也一直没有停止过，并会一直持续下去（直到所有孩子都被行为心理学家抚养长大）。成为国王或王后无可厚非，但有一点需要说明，他们的领域是有局限的。这个社会上还有一种人，他们只希望自己成为国王或王后，却不能接受他人有这样的想法，这就让人感到不舒服了。我们在许多领域都发现了这一问题，比如牧师团、商业以及科学领域，包括教育领域内，有一些教授也存在类似的想法。当他们看到自己的得意门生在技术或理论中有不足时，或是跟他们的理论不一致，在逻辑上有缺点时，他们会一改往日对待这位得意门生的态度，不再极力地推荐他进入理事会和主席团。当这位得意门生也获得了教授职位时，就更不可能被推荐了。如果同事一再向他提出这样的要求，他们就会用很隐晦的方式提出反对意见，并尽量让自己的做法看上去合情合理。我们经常会看到某位教授对他的学生态度很好，这样的情形能够持续的时间，和他处在顶峰的时间成正比。可以说，他这种善良本性与此之间有很大关系，教授因为培养了许多年轻人而备受尊重。可是，他的王位是禁止他人靠近的，不然嫉妒就会吞没他所表现出来的所有亲和感。那些所谓的正统做法，就是社会上的行为准则与教养规则等，也都是为了维护国王和统治者的统治。

· 婴儿时期遗留下来的不健康人格

人性的弱点让我们看到了一个事实，即许多已经形成的习惯系统，从婴儿时期到青年时期一直延续到成人时期。这些系统中的绝大多数系统，在言语的关联和替代都存在不足，即它们没办法用语言描述。个体不但不会去谈论它们，还会否认继承了婴儿时期的行为这一事实。可是，在适当的情境中，这些孩童行为就会暴露无遗。这些早年时期的遗留物，对健康的人格发展造成了严重的阻碍。

在长大成人的过程中，家庭中的成员，如父母、兄弟、姐妹，扮演了很重要的角色，处在我们所继承的一个系统中，我们会非常依恋他们。如果一个人过分依赖某样东西的话，对他是没有好处的，无论这个东西是具体的物体、地点还是位置。这种遗留通常被称为“恋巢习惯”。婚姻看起来是两个异性走到一起，实则没那么简单，它意味着一个陌生人进入到另一个群体中，因此在一个人被丈夫或妻子接受之前，他（她）会遭遇许多的困难，这也是人类中存在世仇的原因。你的父母把这些习惯遗留给你，而你又以相似的方式把它带给陌生人。对于这种幼稚病，我们可将其视为一种不可磨灭的社会遗产。此外，人们也滋养了种族系统，只是表现方面没那么明显。

再来谈谈个人成长的问题，这是大家都很感兴趣的话题。

假如你在3岁时，通过母亲的抚养，你明白了自己今后的行为方式。你是一个可爱的天使，母亲认为你做什么都是对的。父亲和母亲的态度一样，也没有去纠正你的言行。3岁之后，你上学了，在学校里经常被人诟病。没过多久，你开始逃学，而母亲也没有劝阻你的行为。之后，你又学会了撒谎、偷窃，被学校劝退。母亲为你请了家教，他教育你，但他的权限依然在母亲之下。最后，你的人生变得一塌糊涂。

生活中，这样的人比比皆是，他们就是没有打破恋巢习惯。当他们失去了家庭的宠爱时，不要指望他们活得多么精彩。当青春渐渐逝去，为了寻求依靠，他们会退行到早年的依恋时代。

我们应当每年都抛弃一些孩童时期的习惯，就像蜕皮一样，但这与蛇蜕皮又不完全一样。逐渐长大的我们，会进入新的环境，面临新的要求，这迫使我们必须作出改变。一个正常的孩子，在3岁时就应当有一个组织得很好的3岁的人格，也就是与这个年龄相符的系统。当他到了4岁时， 就应当把3岁时的习惯丢弃了，还要把婴儿般的言语以及个人习惯舍弃掉。如果一个孩子到了4岁还在尿床、吃手指、怕见生人、不能顺利地与人交谈，父母就要予以重视了。这个年龄的孩子应当放弃裸露的表现，父母此时还要让他们知道乱闯房间是不对的，不能随意打断他人讲话，要学会自己穿衣、洗澡，必要的时候，还要学会在夜间自己上厕所。如果一个3岁的孩子能被这样教育，那么4岁时的他就会拥有适合这个年龄的习惯，且不会残存婴儿时期的那些东西。

问题是，真的能够做到吗？事实上，这不过是我们主观构建的模式，在现实中是不可能发生的。不然的话，那就是他们的父母在婴儿时期没有遗留下任何东西，或者他们非常清楚该如何教养孩子。

我们已经大致解释过，遗留物会带来什么样的结果。下面，我从咨询经验中选取影响成人生活的诸多因素中的一种，来帮助大家深入地理解这个问题。一个母亲过分宠溺儿子，在这样的情况下，儿子想要结婚就比较困难，无论他做什么样的选择，母亲都不会同意。等到儿子终于结了婚，家庭的争吵也会不断。当这种争吵暂时缓解后，媳妇过来与父母同住，事情会变得更糟，因为儿子有了两个“妻子”——母亲和爱人。面对这样的情况，这个男人必须要真正长大，抛弃婴儿时期的那些遗留物，才能把母亲的条件反射摆脱掉。

自负源自婴儿时期的溺爱，是一种无知的、愚昧的表现，对人格有负面影响。对于婴儿时期的遗留物，我想不必再进行延伸了。我想说的是，在某种程度上，整个行为所表现出的婴儿期和童年期的遗留物会使人的人格更具魅力。

03. 行为主义者对精神病的看法

这一节我要跟大家讨论的问题是：精神病这样的疾病真的存在吗？如果存在的话，它有什么具体表现？如何把这种病治好？

什么是精神病？当一种像精神病一类的不正确的概念出现时，我的第一反应是：如果真的有这种疾病，也有针对精神症状和精神治疗的方法，那么我对它有另外的理解。当然，我只能简单地说明一下我的看法。对于所谓的“精神障碍”“精神疾病”这样的术语，我用“人格疾病”或“行为疾病”“行为障碍”来描述。在许多所谓的精神病理的障碍中，引起人格障碍的器质性障碍是不存在的，即排除传染的可能行，又没有身体上的损害，也不缺乏生理性反射。然而，个体有着一种病态人格，他的行为可能会受到严重的影响，或者处于一种精神不太正常的状态，有时甚至还要把他关起来，以便保护他自己和周围人的人身安全，至于关多久，还要看他的状态。

目前，还没有人对社会结构中存在的各类行为障碍作出合理的分类，起码我是这么认为的。躁狂抑郁型精神错乱、焦虑型神经症、早发性痴呆，以及精神分类症，我都听说过，但这些分类对我而言没什么价值，因为我对它们不了解，我只知道阑尾炎、胆结石、肺结核、乳腺癌、瘫痪、机能不全等。对于有机体发病的一些情况，如一种组织受到损害后，需要多久的疗程，我也有一点了解。我能够理解内科医生告诉我的病情，但是当一个精神病理学家跟我说“精神分类症”“杀人性躁狂症”发作时，我认为他们对自己所说的话并不了解。我会有这样的想法，是因为他们在谈论这些时，总是从“心灵”的层面去看待病人，完全忽略了个体身体行为的方式和行为的遗传原因。当然，这种情况现在已经有所改变，在近几年里有了不小的进步。

在所谓的精神病中，应当摒除所谓的“心灵”的概念，这是我的看法。我向大家展示一幅图，这幅图源自一只精神变态狗的想象。假设有一只狗，经受过我的训练，它能够绕开汉堡牛排，去吃腐烂的鱼。我用惦记的方法训练它在犬行的路上不去闻母狗——它肯定会在一定距离内围着母狗走，但距离不会超过10英尺（我们曾经用老鼠做过类似的实验）。另外，为了让它和雌性狗一起玩，只要发现它想要与母狗交配，就会对它进行惩罚，我还为它安排了一只同性恋的狗（在老鼠身上也做过类似的实验）。经过这样的训练后，每当早晨我向它靠近时，它都不会像以前那样兴奋，冲我摇尾巴或是跑来舔我的手，而是躲在一个角落里发抖，表现出很害怕的样子，发出哀嚎的声音。它睡在垃圾桶里，把床弄得惨不忍睹，每半个小时就会撒尿，到处都是它的尿。在离树干2英尺外，它对着地抓扒、咆哮，却不去嗅那些树干。它每天只睡2个小时，且是靠着墙睡，不是躺在地上。它不吃脂肪类的食物，变得很瘦弱、很憔悴，不停地流口水（我训练它对几百种物体过量分泌唾液），这严重妨碍了它的消化功能。

我带着变成这样的狗去找一个专门治疗狗的精神病理学家。

因为这只狗的生理反应没有异常，也不存在器质性病变，精神病学家为它做过检查过后，给出的结果是，这只狗患上了精神病。由于精神状况不佳， 它的各个器官已经无法正常工作，特别是消化系统，这让它的身体状况变得非常糟糕。还有一个现象是，它不会做狗原本应该做的事情，却会做与狗无关的事情。基于上述的这些表现，精神病理学家认为， 应当立刻把这只狗送到专门治疗精神错乱的兽医院进行治疗，如果不尽快地控制病情，它很有可能会从高楼上往下跳，或是会义无反顾地跑进火堆。

我当然不会采纳精神病理学家给出的建议，不仅如此，我还明确地表达了我的看法：首先，我告诉他，他根本不了解我的狗； 其次，从养狗的环境方面来说，也就是我对它所用的训练方法这一角度来看，这只狗没有任何问题；最后，他断定我的狗患上了精神病，完全是因为他那荒谬的分类体系。

我希望这位精神病理学家能够接受我的观点，为此还专门对自己的观点进行了解释说明，但是很遗憾，他根本不认可，还很厌恶地对我说：“既然你不采纳我的建议，并且这么有主见，那你干脆自己给这只狗做治疗吧。”就这样，我带着这只狗回了家，开始用自己的方法对它进行“治疗”，即对它的行为困难进行纠正。

我想要做的是，先让我的狗跟邻家漂亮的狗成为朋友。我的狗年龄还不大，这就意味着，如果我的方法具有可操作性，它很快就能学会，我敢保证一点，只要它肯学习，就一定能让它把所学的东西牢牢记住。我用了很多方法，先是无条件反射法，后是条件反射法。一段时间以后，我让它在饥肠辘辘的时候去吃新鲜的肉，但在喂食之前会先把它的鼻子堵住，并在黑暗的环境下喂它。这个方法开了一个好头，正是因为有了这一个实验，才为我今天更进一步的研究奠定了基础。我让它一直处于饥饿的状态，在早晨打开笼子时给它喂食。我不再用电击或抽打的方式对待它，取消了惩罚。不久之后，它听到我的脚步声，又恢复了从前活跃的状态。经过这样的一些训练，它逐渐改变了过去病态的模样，几个月之后，它的旧行为消失不见了，它建立了许多新行为。不久之后，它就变成了一只美丽的狗，被打扮得很干净，身上扎着蓝色的绸带，每个人见了都称赞它。

我的这段描述看起来有点言过其实，甚至是侮辱了人。毕竟我们在每一家精神病院看到的病人，和我的这只狗没有任何联系。我也承认，我的说法有点夸张。但我这里研究的是基本原理，我希望用简单质朴的方法，来创建我们的行为科学基础。所以，我才会把这个案例拿出来，用它来说明人是可以被条件化的。我们不但能够把病态人格的行为复杂性、行为模式和行为冲突建立起来，还能通过相同的过程，为解决导致传染和损害的器质性病变奠定基础，而这些根本不需要引入“身—心”关系的概念，甚至可以跟自然科学相联系。换而言之，作为一个行为心理学家，在对待“精神病”时，我们所运用的材料和规则，和神经病学家以及生理学家运用的如出一辙。

04. 如何改变我们的人格

改变病态个体的人格，是内科医生要做的事情。当人们的某种习惯发生障碍时，必须去找内科医生，不管现阶段他的工作能力如何，我们都得去找他。如果我感觉自己的一只手臂麻木了，拿不起刀叉，或是我对妻子和孩子无法作出形象化的反应，而又查不出有任何的器质性病变，在这样的情况下，我会马上去找那个从事精神分析工作的朋友那里，我会说：

“虽然我的情况很不好，但请你一定要帮帮我。”

其实，对于我们“正常人”来说，当我们对自身进行过检查，并决定摒弃自身的一些不好的遗留物时，我们会发现，改变人格真的很难。我们能在一夜之间就掌握化学吗？如果给我们一年的时间，能够成为优秀的艺术家或音乐家吗？毋庸置疑，仅是这些事情，实现起来就已经很难了，更不用说改变人格了。

要先舍弃已经组织好的大量的旧的习惯系统，才能形成新的行为，前者比后者难得多。但是，如果想要获得新的人格，这个问题是无法回避的。在这条路上，无论是人还是学校，谁都无法确保给予你准确的指导和帮助。真正能够改变我们的，是在生活中经历的事情，其中每一件事都有可能是一种改变的开始，如家庭中的一个不幸的消息、一场地质灾害、一场打斗，还有可能是健康亮起了红灯、宗教信仰的改变等等。换句话说，任何一起瓦解有习惯模式的事件，都会将旧有的规则打破，让你处在另一种状态中。在这样的情况下，你必须学会和过去对物体和情境的反应截然不同的反应。对你来说，此时可能要开启重建新人格的工作。在新的习惯系统形成的过程中，我们要舍弃旧的习惯系统，直至它彻底消失。也就是说，在这个过程中，个体正在丧失过去保持的习惯，他受到旧习惯系统的支配会越来越少。

那么，怎样才能让我们的人格发生改变呢？想要实现这一目的，有两类东西可以利用：其一，“非习得”的东西，它们可以是一种积极的“无条件反射”过程；其二，新习得的东西，这是一个积极的过程。从这里可以看出，想要彻底改变人格，只有先改变个体的环境；对环境改变得越彻底，人格的改变就越多。不过，能够独立做到这些的人寥寥无几。因此，我们始终有相同的旧的人格。

许多人都想改变自己的人格，可因为独立完成这一过程太难，所以，未来我们应该监理对人格进行改变的医院，来帮助有这一需求的人们。这样的话，改变人格会变得容易一些，也不会耗费太长的时间。

第7章

天赋与本能：行为主义者眼中的人体潜能

给我一打健康的婴儿，并让他们生活在我所设定的特殊环境里，你们可以随便挑选其中一个孩子，说出你们想让这个孩子成为什么样的人——医生、律师、艺术家、政客，我都可以让你们梦想成真。

——约翰·华生

人在身体器官的主导下，生来就会在呼吸、心跳等方式的作用下对刺激作出反应。在我们看来，当今心理学家和生理学家所说的“天赋”或“本能” 之类的东西，在这些简单的反应中根本找不到。人类所认为的应该被称为“天赋”的行为，其实是在成长过程中，受到社会中各种各样的刺激条件而形成的反应。人们所说的“遗传”的素质，大都是在婴幼儿期接受了训练。行为心理学家会这样说：“这孩子的确像他父亲一样，身材修长，眼神也很像。他的父亲很爱他，在他 1 岁时就给他一柄小剑。他们一起去散步时，父亲会告诉他怎么舞剑，怎么进攻和防守，以及决斗的规则，等等。”而不会说：“他能够成为一名优秀的剑客，是因为遗传了父亲在这方面的才能。”

01. 天赋与才能并非源自遗传

众所周知，生活在不同地域的人，生活习俗不同，做的事也不一样。生活在热带地区的人，全身裸露，靠捕猎、野果维持生计；生活在温带地区的人，通常住在奢华的温室里，男人喜欢戴帽子、沉浸在工作中，女人喜欢打扮靓丽、料理家务；生活在寒冷地带的人，会用动物的皮毛制作外衣，吃油脂含量高的食物，住在冰堆起来的房屋里。非洲黑人有时会相互蚕食对方的躯体，中国人喜欢吃大米，而西方人习惯用刀叉进餐……试问，种族生活习惯如此制作的，差异如此之大，生活在各个种族里的成员，如果不是受同一组刺激的影响，又怎么会产生同一组反应呢？生活在同一片区域里里的人，几百万年之前和今天，是否有相同的“天赋”呢？一个人出生在非洲的黑人部落，或是出生在奢华的皇室中，他表现出的“天赋”是一样的吗？

在行为心理学家看来，那些把能力、才能、气质、性格归咎于遗传的说法，是站不住脚的。这些后天的复杂反应，其实是形成于其所生活的环境的刺激。回答这个问题最合适的人选莫过于遗传心理学家，可他们也想回避这个问题，只是说：“不管一个人的父母社会地位怎么样，也不管他的出身环境多么优越，他作为婴儿的本质和反应跟其他同类婴儿没什么区别。”

对那些信奉优生学的人来说，这恐怕是一个打击，他们可能会反驳说："难道一个孩子的父母的基因，对孩子的天赋没有任何影响吗？难道人出生时没有任何的优劣差距吗？经过了这么多代，难道人类的思维和智力还停留在以前的状态吗？"

我们必须承认，遗传差异的确存在于人的形式和结构上，就像不同皮肤的人会生下与他们皮肤相同的后代，这是我们必须承认的。通过遗传，还有一些变异的生理因素会传给后代，如皮肤的质地、眼睛的颜色、头发的颜色、白化病等。常识告诉我们，如果祖辈或父母有这样的特征，几乎可以预测到，他的后代也会存在相同的特点。不过，千万别因为这些明显的遗传事实而影响你的判断。生活中还有许多生理上的结构特征，必须要在特定的环境中接受刺激，才会呈现出来。我们真正的遗传结构的呈现方式，最终取决于我们是在什么样的环境中接受刺激的。比如，铁匠的胳膊、健美者的身材和肌肉，还有一些伏案工作的戴眼镜的人，他们在生理结构上的不同，都是由其所在的生活环境决定的。

讨论完生理上的遗传特质，我们再把目光转向心理。

人们大都觉得，天才的产生主要是因为遗传，而犯罪者也是如此。

人们经常说，龙生龙凤生凤，那些在社会上名声显赫、才华横溢的人，他们的孩子也会跟他们一样。他们会说："一个家里的父亲什么样，儿子就什么样；一个家里的母亲什么样，女儿也必定是什么样。"

不可否认，社会上的不少家庭中，儿子的性情受父亲影响，女儿的性情受母亲影响，这样的比例是很高的。但是，在行为心理学家看来，这不是遗传因素导致的，我们也看到了有些人不管是性情还是成就，都超越了他们的父辈。

人们之所以会这样认为，是因为多数人的生活环境直接受家庭环境的影响，他们的生活范围狭小。由于接受刺激的范围比较小，使得很多人的性情只能被固守的环境所影响，从而呈现出狭隘、固守、偏执的行为反应特征。可在一些健康的集会里，比如教会、读书群、音乐群等有共同信仰或爱好的团队里，我们也会发现一些原本在家里不爱说话、脾气暴躁的人，改变了自己的生活圈和性情，这都是因为精神上的纽带而跟其他性情各异的人产生了联系，他们在环境、人际关系的影响下，逐渐变得更有智慧和内涵。

为了证明才气、气质等心理特征不是遗传的原因，我们举个例子说明一下。

韦斯利·史密斯的父亲约翰·史密斯是著名的经济学家，他从小生活的环境就是终日与经济、政治等话题为主要内容，在父亲的引导下，他自然也会朝着经济学领域迈进。如果你是律师或医生，那么你的儿子和你从事同一职业的概率非常大。我们不妨问一下：知名的人士很多，为什么偏偏约翰·史密斯的儿子韦斯利·史密斯出名了呢？难道其他的名人、学者的才能都不能被遗传和继承？这里牵扯到多方面因素，但最主要的还是他们的成长环境。我们用约翰·史密斯来做一个假设，如果他有三个儿子，彼此之间在生理结构上没有任何差异，但父亲偏爱长子，对他给予了更多的教诲和陪伴，他最终走上了经济学家的道路；次子因为没有得到父亲足够的爱与陪伴，长期受母亲的关怀和影响，他就没有走经济学家的道路，转而向其他方面发展；第三个儿子虽然也学习经济学，可父亲在长子身上倾注了太多心思，而母亲把大部分精力给了次子，缺少父母照顾的他，经常跟家里的仆人在一起，由于受到不良因素的影响，他最后成了一个同性恋者。后来，他又跟父母闹僵，和不良青年混在一起，偷窃、吸毒，最后死于疯狂享乐。就跟我们所假设的差异一样，现实中多儿或多女的家庭里，你几乎很少会看到子女的性情、天赋是一样的。这也印证了行为心理学的观点，那就是人的天赋和才能不存在遗传的问题，每个人在成长过程中，都会被所在的环境和人际关系影响。

其实，在胎儿时期，习惯的形成就已经开始了，环境对人的影响在人没有出生之前就已经存在了，这是近期由行为心理学家和一些动物心理学家发现的。人在出生时的结构差异，以及出生后习惯差异的形成，都可以用来回应心理特征的遗传问题。

我们之前举过一个例子，证明天赋的继承与遗传无关，也就是同一家庭里生理结构上没有差异的孩子，表现是不一样的。现在，我们假设这样一种情况，一个先天生理不足的人，是否有可能成为某个领域的佼佼者呢？

有些人会利用这种差异来说明人的天赋是被生理结构束缚的。我们假设，一个家庭里有两个男孩，他们的父亲是有名的音乐家，母亲是油画画家。长子的手指长、手型好、有腕力，特别适合弹钢琴，所以父亲很愿意塑造他。次子的手长得一般，也不够有腕力，就只能更多地得到母亲的关爱，他将来很有可能在绘画方面颇有造诣。

但我想说的是：如果这个父亲只有一个小儿子，他会如何对这个孩子付出呢？他可能会告诉孩子："你手指不够长，不够灵活，但是没关系，我为你特别打造了一个琴键较窄、方便你手指够到的钢琴；再为你把琴键的形状改一下，让你按下琴键时不用太费力。"如果情况是这样，有谁敢说这个先天不足的孩子不会成为另一个伟大的音乐家呢？所以，小儿子可能成为画家，根本不是天赋使然，而在于母亲的引导。

02. 环境和遗传对人类的影响

在谈论遗传的问题时，人们通常会把环境这一影响因素忽视掉。有些人喜欢用社会上的“犯罪遗传”来举例说明，认为那些长辈行为不端的家庭养育出的孩子，也会跟他们的祖辈、父辈一样行径龌龊。可是，行为心理学要告诉你，一个在正规道路上成长的孩子，如果被放到一个恶劣的环境下，时间久了也会变成坏孩子。实际上，每年都有成千上万个生活在良好家庭中的孩子成为行为不端的少年，这也印证了一点，遗传不是导致人的罪性被诱发的原因，不然的话，那些父辈、祖辈表现优良的家庭，为什么会出现失足少年呢?

在谈论这些问题时，有一些事实我们不想避讳，社会中能够认真对待犯罪倾向问题的人寥寥无几。许多留守儿童和被领养的孩子，在待遇上跟亲生孩子并不一样，这也使得其中的一些孩子在成长过程中出现了心理问题。还有些人因为祖辈、父辈犯罪，被人用有色眼镜看待，他们内心很孤独，还要长期承受周围异样的眼光，这自然会让这些孩子在成长过程中形成自闭、忧郁、极端、容易冲动的倾向，在所有犯罪行为中，这些因素都是罪魁祸首。有这种心理特征的人，一旦在生活中受到了某些刺激，就会点燃犯罪之火。不过，这种心理特征跟遗传没关系，人犯罪也不是遗传导致的。其实，每个人的生命阶段中或多或少、或长或短都会出现上述的状态。一般情况下，当人与跟周围的环境发生了很大的冲突，这种心理特征就会出现。爱的缺失导致没有归属感，归属感的缺失导致对周围的一切丧失热情，自暴自弃，最终选择逃离正常的生活。

事实上，对孩子的教育问题，人们普遍采取的方法就跟他们对其他问题采取的方法一样，他们没有能力，也不愿意去面对现实。我们对优越有着强烈的自豪感，这种自豪感有时是虚幻的。我们会对体面的人和物产生幻想，比如我们会认为一个绅士必然来自于一个条件优渥的家庭，他的家族有许多美好的传统；面对一个糟糕的孩子，我们可能会作出简单粗暴的判断，认为孩子在教育上的所有问题都是遗传和家世导致的，他肯定是受了祖辈或父辈的影响，这样我们就能推脱自己在教育孩子方面的失误了。

我们不是出于好奇，才费尽心力去说明人的可塑性和遗传的问题。事实上，我们在婴儿心理学的研究上下了很大功夫，但现在的社会教育还是没有摆脱天赋遗传、心理特征遗传的观念束缚。如果不彻底打破对这些前提和假设的迷信，我们的教育不可能有质的改变。

了解了环境作用的深刻性之后，我可以保证：给我一打健康的婴儿，并让他们生活在我所设定的特殊环境里，你们可以随便挑选其中一个孩子，说出你们想让这个孩子成为什么样的人——医生、律师、艺术家、政客，我都可以让你们梦想成真。作为婴儿所表现出来的才能倾向，以及他的祖父辈的种族、职业以及社会地位的问题，我都不会考虑。但有一点需要说明，要由我来决定培养这些孩子的环境和方法。

在此，我得在一定程度上限制所选的对象和环境。首先，所选的对象必须要健康，没有影响智力发育的遗传病，如腺体疾病、梅毒、淋病等，这些疾病会在早期影响孩子的行为和智力发展，让大脑和身体的联结缺失而无法正常运行，导致这些孩子无法接受正常的训练。其次，所选对象的生理结构也要健全，不能有残疾、畸形或器官残缺等，虽然这些生理问题不会影响智力发育，但会影响心理，产生自卑的心态，让他们拒绝和一些人平等成长。事实上，我们发现了一个问题：在不同肤色的人之间，特别是在黑人与白人的教育问题上，即便是学校或家庭的教育环境相同，黑人孩子往往会跟不上白人孩子。

03. 行为主义者眼中的“本能”

在前一个小节中，我们已经否定了天赋、心理特征和特殊能力的遗传的可能性，接下来我们要讨论的是，动物本能的习惯是否真的存在于这个世界？在探讨这一问题时，行为心理学家的心里早就有了定论，那就是本能和心理特征被遗传的说法一样，并不存在。

早期人们关于本能的理解，都受到了达尔文的影响。达尔文的生物学理论认为，动物的本能是一种与生俱来的生物力量，预先决定了动物按照特定的方式活动，当动物受到外界刺激时，会呈现出一种可预见的、相对固定的行为反应模式。

威廉·詹姆斯精心挑选了一些他认为比较有代表性的本能行为，如爬行、模仿、竞赛、好斗、愤怒、同情、搜索、恐惧、占有、渴望、盗窃、建造、游戏、好奇、社交、害羞、惭愧、嫉妒、爱，他认为这些本能行为是人类特有的，在其他动物身上是找不到的。

不过，行为心理学家却有不同的看法，他们不认为人类有复杂的非习得的行为。我们过去接触了太多和本能有关的信息，导致我们对这个概念产生了模糊的认知。在过去的三年里，有100多篇文章都在讨论本能的问题，令人遗憾的是，这些文章的作者全是以文本和思考为基础来阐述本能，根本没有人亲自观察过动物和婴儿早期的生活状态。虽然行为心理学家对于本能的理解也缺少足够的观察，但我们可以用间接的方式来证明，在心理学的研究上根本不需要“本能”这样一个术语。

04. 本能是环境刺激下的习得反应

接下来，我们来做一次机械旅行。

现在，我手里拿着一根木棍，我把这个木棍朝着前方的开阔场地扔出去。木棍飞了一会儿后，落在地上。不过，我想让它换一种运动方式，把它放到锅里煮，通过加热塑形，让它形成弯曲的弧度。接着，我再把它扔向开阔的场地，它的运动方式和原来不一样了，先是向外飞了一会儿，然后又折返回来，落在地上。我把它弄得更弯，做成了凸形，并将其称之为“飞镖”，希望能让它的折返幅度更大一些。现在，我再次把它扔出去，它的运动方式又改变了，它会向前飞，也会转向，同时还能再飞回来。

木棍的材料性质和以前一样，可是形状却改变了，这导致它的运动方式也发生了变化。木棍受到投掷刺激做出回旋运动，但我们不能因此宣称木棍有了返回投掷者身边的本能。那么，为何木棍会作出这样的运动呢？这是因为，我们最初塑造它的目的，就是为了产生这样的结果。只要制作方法无误，投掷方式也无误，几乎所有的飞镖都会返回到投掷者的身边。

还有一个司空见惯的例子，就是我们常见的骰子。熟悉骰子运动方式的人都知道，只要用某种特定的方式去旋转它，总能让有6个点的一面朝上。这是它的结构决定的，只要用这样的方式旋转，就会出现这样的结果。如果你把一个玩具士兵放在橡皮泥基座里，不管你用什么方式扔它，玩具士兵都会垂直站立。这不是它有垂直站立的本能，而是因为物体的重心差不多都落在了橡皮泥基座上。

不管是飞镖、骰子还是玩具士兵，它们的结构和投掷环境决定了它们的运动方式，让它们呈现出独特的运动特征。人的生理结构特征是一致的，当处于某种特定的场景中时，所表现出来的情感、意志、思维，在很大程度上都有相同之处。需要提醒大家的是，用同样的方式和力度投掷飞镖，它都会作出回旋运动，但两个飞镖无法作出完全相同的运动路线。人也是一样，就算生活在大环境中的我们，被各种刺激因素影响，具备羞怯、竞争、同情、表达、爱等行为方式，但也没有两个人会以完全相同的方式表现出这些行为。

如果一个人从小跟野兽一起长大，那些声称人具有特殊的本能的学者们就会意识到，那个人从一出生就脱离了各种刺激，那个人会丧失许多正常人具备的“本能”。所以，我们称之为“本能”的东西，其实是在环境刺激下形成的习得反应。

就像对木棍加热让其变形一样，木头的本质并没有发生改变，而飞镖作出回旋运动也不是因为本能。同理，一个人在没有受到大文化环境的刺激之前，他的行动方式与接受过良好教育的人是截然不同的，他的生理结构会因学习而产生变化。

也许会有人反驳说：“你的论证，不刚好证明了你的错误吗？你说，一个人在接受、学习的过程中让生理结构发生变化，那在没有接受这些刺激之前，他们的结构基本上是一样的，那他们表现出来的相应行为就是‘本能’。”

我给出的答复是：假如有条件，我们可以一起去育儿室看看。在对婴幼儿的观察中，你会发现，他们在没有出生前，就已经有了不同的行为特征，这些差异早在母胎中就已经显现出来。那时，你们就会质疑詹姆斯的本能说了。

05. 意识是人脑对刺激的反应

意识，原指精神活动。意，是自我的意思；识，代表的是认识、认知。意识，体现的是个体的独立性，是主观存在的，代表人可以认识自己的存在，能够知道发生的事情，与不同于自己的事物进行对比。

意识的定义很简单，就是能够认识和知道事物的存在的一种能力。有时，可以用精神代替意识，它是人类大脑的一切活动和结果，有自发性的思维。意识是人脑与客观世界的矛盾，有自发性的规律，可以从主观层面对人类的自我自由的实现进行认识和指导。

从人类诞生之时起，意识就出现了，人类依靠它来进行发现和创新活动，它是实践的结果，并随着生命遗传给后代。新生儿继承前辈的实践结果，与生俱来的感知能力为意识的形成奠定了基础。任何生物都有感知能力，吸收营养的能力是最为关键的感知能力，比如吃就是天生的一种能力，人在胎儿时期就已经具备吮吸的能力。

意识来源于生物进化，从简单的有机生化发展到复杂的大脑生化，随着生命进化，这个过程从本能的自然行为进化为主动的人类行为。思想产生的基础是意识，我们的感知能力帮助我们记忆，经过记忆和分析形成思想。动物也有思想，但那种思想是自发的，不存在主观能动性，只有人的思想是主动的、多彩的。在人的实践中，意识包括记忆、思想、情绪、观念、念头等多种形式，先是直观的表象，再到一定现象的想法集合，最后通过逻辑形成观念，再通过思考形成思想。

直到现在，意识的概念依然不够清晰和完整，通常情况下，人们觉得它是人对环境及自我认知能力和认识的清晰程度。专家们无法准确地定义它，约翰·希尔勒通俗地把意识解释为：“从安稳的睡眠中醒来后，除非重新入睡或进入无意识状态，要不然，人在白天会一直处在知觉、感觉或觉察的状态。”

现阶段，意识概念中的感觉是最容易进行研究的部分，如某人感觉到了什么，某人感觉到了自我。有时，感觉已经成为意识的代名词。现在，我们对于意识的本质依然有不少的疑惑和不解。意识本质的研究存在两方面的难题：一是自然主义认识模式没有办法完全等效地模拟大脑结构和社会语境，二是相应的哲学命题和范畴太少。比如，在自我意识方面，认知科学、神经科学、心理学、计算机科学、社会学、哲学等学科，都在从各自的角度对意识的概念进行研究，这对于认清意识问题是很有益处的。

人脑对大脑内外表象的觉察就是意识。从生理学的角度来说，意识脑区是指能够获得其他各脑区信息的脑区。辨别信息是意识脑区最关键的功能，说得详细点，就是意识脑区可以辨识自己脑区中的表象是从外部感官而来， 还是从想象或回忆中来。这种辨识信息的能力，是其他任何脑区都不具备的。人在睡眠时，意识脑区的兴奋度降至最低，此时无法辨别脑中信息的真伪，大脑就选择了全部相信的方式，这种意识脑区失效的情况就形成了“梦境”。意识脑区不存在自己的记忆，它的存储区域称为“暂存区”，就和计算机的内存一样，只能对所觉察的信息进行短时间保存。意识是永远运动的，当你尝试停止脑中的意象时，你会发现这样做是徒劳的。专家发现，意识脑区不具备思维能力，只有在潜意识的诸脑区里才有真正的思维，我们所感知到的思维，是潜意识将其思维呈现在意识脑区的结果。

思维主体对信息进行处理后，就会产生意识，没有思维主体和思维活动，就不会有意识。思维主体能够对信息进行能动性操作，如采集、传递、存储、提取、删除、对比、筛选、判别、排列、分类、变相、转形、整合、表达等，这既符合自然进化而形成的动物，比如人类，也符合愈发完善的人工智能产品。信息是可以被思维主体识别的事物现象及表象，是思维活动的操作对象。思维活动所产生的意识以信息的形式储存、表现和传递输出，意识传播的实质是信息传播。思维主体进行下一步思维的基础，通常也是意识。

意识的产生离不开能量，它的存在和传播离不开介质，意识的存在依附于物质。意识所表达的含义，并不等同于其物质载体本身的现象。暂且不谈载体的因素，意识的内涵的存在并不占据空间，而物质的存在是要占据空间的，意识和物质的本质区别就在于此。

思维主体在获取和处理信息的时候，信息有可能会出现各种变化。因此，意识的内容不一定是对客观事物的真实反映。意识可能超越客观事物的反应，也可能会歪曲地反映客观事物。通常认为，意识是人脑对客观事物间接的和概括的主观反映。不过，“反映”这个词太缺乏主动性，根本无法凸显出意识主体的地位和主动性，更别提创造性了。说意识是人脑对刺激的反应，可能更加确切。

钢板在锤子的敲击下会变形，钢板变形所产生的力，有一些会通过弹性的方式反作用于锤子，剩下的部分因为挠性作用于钢板本身，使之发生恒久性变形。钢板对锤击的反应就是这两种：有对外部（锤子）的，也有对自身的。

意识是人脑对刺激的反应，意识的结果不但会在人体器官的作用下，对外界产生影响，还会通过改变人脑本身的结构而形成记忆。不过，人脑的结构比无机质的钢板复杂多了，人脑由140多亿个脑细胞构成，每个脑神经细胞都有许多神经树突，并通过神经突触和其他的脑神经相连。这些神经连接错综复杂，形成一个极其庞大的神经网络。意识的这种反应的对外行使，以及对内改变的复杂性，就取决于人脑的这种结构。

和一般的动物细胞结构相比，神经细胞的结构也差不多，人们至今也没有在脑细胞中发现思维和记忆组织。当感官接受刺激时，这些刺激转化为电或是化学信号，在神经纤维的传导下抵达大脑，在大脑中沿着相连的神经网络通道进行传导，直至大脑对外界刺激形成有效反应。传导的过程，就是意识作用的过程。

在地球上乃至宇宙中，最复杂的系统莫过于人脑了。在人的进化过程中，对自身最有利、对外界变化最有效的神经连接，并没有被淘汰，在世代遗传中被基因固定了下来。婴儿出生时，就已经拥有了完善的脑神经网络，无异于成人，特别是跟其父母的神经结构有相同之处，这就是为什么有的人继承了父母的某些特殊能力。不过，相较于成人，婴儿除了吮吸反射神经和控制心跳、呼吸等植物神经通道是通畅的以外，他们的神经网络连接的粗细基本是相同的，因此婴儿大脑中的神经信号传导是整体的，也是无效的。比如，婴儿的眼睛和成人一样，能够独自看东西，但难以形成有效意识，这是因为神经网络中还没有形成有关颜色、形状、运动的相关路径。经过教育，他们才能在条件反射中强化相关的神经连接，促使大脑发育。

受冯特的影响，心理学的基调从一开始的灵魂转向了意识，这种影响力至今还在行为心理学之外的心理学领域发挥着余热。像这样把意识作为基调的心理学，创造了很多与灵魂概念相似的假设，但这些假设不仅没有证据，且无法获得公正性。行为心理学家，意识和灵魂从形而上的角度来看，没有本质的区别。

对我们而言，可能大家都知道意识象征着什么。当我们有了某种知觉或思想时，或者我们打算做某件事时，抑或是我们准备、渴望做某件事时，我们是有意识的。是的，其他内省心理学论者在理解意识时，跟我们对意识给出的各种前提一样，都不符合逻辑。事实上，他们在大量的文献和论述中，根本没有准确地把意识是什么解释出来，而是在论述的过程中借助假设，把意识赋予给一些事物，当他们对意识进行分析，觉察到之前被赋予了意识的事物时，就觉得这是再正常不过的。

既然我们发现了意识，该如何对待它呢？意识不是类似一种化合物的东西，它存在于我们内部，只有通过内省的方式才能捕捉它、分析它。基于这样的假设，我发现在一些很有代表性的心理学家所做的分析中，没有提供真正可以从实际意义上突破和解决心理问题，并让研究方法趋于规范化的渠道。

06. 智力测试的可信度

中世纪以后，智力测试开始盛行，特别是在美国，心理学家都变成了测试狂。不过，这些所谓的测试热度持续不了几天，很快就会被下一个测试替换掉，并对它进行纠正。多年来，一些测试变得越来越规范化和国际化。目前，我们通常见到的有以下几种：

· 第一级智力测试

· 幼儿园测试

· 个人意志发展测试

· 智力测试：法语、拉丁语、视唱、算术和分类测试

· 智能的自我管理测试

· 机械能力测试

- 智能的团队测试
- 雇佣测试
- 职业指导测试
- 拼图和阅读测试
- 打字和速记测试

每一套测试题在编制时，都要动用巨大的人力。对于这一点，我们不得不向测试的创始人表示钦佩，尤其是对他的勤奋和耐心。作为一项测试工具，测试题被编制的初衷，是为了在大量的个体表现水平的差异中，找出一个测量标准，以此对众人的能力表现进行分类。不过，在测试的发展过程中，有些不切实际的想法太牢固了，根植于大众的心中。那些测试是为了区分一般智力层次和特殊智力层次，以及从那些从后天习得的能力中区分出所谓“先天”能力。行为心理学家认为，这些测试只是对个体的表现水平进行分类，而对于智力层次的划分，以及先天、后天能力的划分，纯属无稽之谈。

07. 行为主义者如何看待记忆

行为心理学家是如何看待记忆的呢？坦白地说，行为心理学家认为，客观的心理学中没有记忆的一席之地。当然，我们会用事实来解释这个问题。

依然是从小白鼠的实验开始。有一份关于小白鼠学习走迷宫的实验记录：当一只小白鼠初次学习走迷宫时，它为了得到食物，在迷宫里花费了40分钟的时间。期间，所有的错误它差不多都犯了，一次次地跑进死胡同，又一次次地返回。在进行第七次尝试时，它只用了4分钟的时间，就得到了食物，且在整个过程中犯错很少，只有8次。可见，小白鼠的犯错率在逐渐下降。当它进行第二十次尝试时，只用2分钟就得到了食物，期间犯错6次。在第三十次的尝试中，小白鼠获取食物花费的时间更少，只有10秒钟，且没有犯任何错误。在第三十五次实验之后，直至第一百五十次，小白鼠都只用了6秒钟就得到了食物，且犯错次数为0。从第三十五次之后，小白鼠每跑一次迷宫，就像是一架功能良好的机器，但速度却并没有提高。也就是说，从第三十五次开始，小白鼠的速度已经抵达了顶峰，这也表示它已经完成了学习。

那么，我想问的是：一段时间以后，小白鼠对迷宫还有“记忆”吗？

我们依然不去凭空揣测，还是用事实来说话。六个月后，我们再度进行实验。这一次，我们在小白鼠跑迷宫时安排了一些东西。实验开始后，小白鼠开始跑迷宫，它只用2分钟就得到了食物，犯了6次错误。从这个结果可见，跑迷宫的习惯大都被保留了下来。虽然有一部分习惯消失了，可在半年没有跑迷宫的情况下，小白鼠重新学习的记录，居然跟之前第二十次尝试的记录没什么分别。

再给大家展示一个有关罗猴学习开启复杂问题箱的案例。

从记录上可知，罗猴第一次打开问题箱花费了20分钟的时间。20天后，我们对它进行第二次尝试，这一次它打开问题箱的时间只有2分钟。之后，我们没有再让它进行学习，直至6个月之后，才再次对其进行实验。结果显示，虽然它开启问题箱时的动作缓慢，略显笨拙，但它也仅花了4分钟的时间，就完成了任务。

我们对动物进行过很多实验，发现了它们在习惯保留上的特性。那么，人类的情况是什么样的呢？儿童是不是也如此呢？

为此，我们做了这样一个实验：一个1岁的孩子爬到他父亲那里，发出笑声，还抓着父亲的腿。在一个多人的房间里，孩子爬到他父亲身边。现在，我们把他送出去2个月，期间不让他见到父亲，而是和其他人在一起。2个月后，我们再让他和父亲见面。此时，孩子没有朝着父亲爬去，而是爬向了这2个月内照顾他的人。可见，孩子失去了对父亲积极反应的习惯。

我们让一个3岁的男孩学习三轮脚踏车和踏板车，到他能够熟练驾驭为止。6个月后，我们再对他进行测试。结果，他不像之前那么熟练了，虽然也能驾驭，但动作很笨拙，比过去退步了很多。

我们还让一个20岁的年轻人学习打高尔夫，要求他在进行这项活动时，必须慢慢提高进球的技术，持续地进步。两年间，我们每周让他练习两次，他在18洞的球场中，所得的分数降到了80，偶尔还会降到78分。两年后，我们不再让他练习高尔夫球，在他停止练习后的第三年，我们又对他进行了测试。结果显示，在第一轮中，他原本能得95分，可是2个星期后，他的分数却降到了80分。

通过这些实验，我们会发现，在学习了一项动作后，如果中途放弃了，或是相隔一段时间不进行练习，就会丢掉一部分习惯产生的效率。如果很长时间都不再用，习惯可能会全部丧失。当然，不是说所有的个体在特定习惯的总量丧失方面都一样，不同的个体情况也有差异。对于同一个个体而言，在不同类型的习惯中，丧失率也不一样。

有一点颇令人惊讶：在比较长的一段时间里，有些动作习惯没有被用，但很少会丧失，比如游泳、跳舞、滑冰、射击、打高尔夫等。如果一个人射击水平很差或是高尔夫球打得不太好，但他却跟你说，五年前他是一个出色的运动员，只是后来很少练习水平才会下降，你可千万不要相信他的话，因为他一开始就在说谎。实际上，我们可以测量出个体在没有练习期间所丧失的量。换句话说， 我们有一个个体学习的成绩，可以用这个成绩和他重新学习的成绩进行对比，准确地测量出该个体在没有练习期间所丧失的量。

现在，我们重新来谈一谈心理学上的记忆问题。一个行为心理学家肯定不会说："詹姆斯好几年没有骑过自行车了，他还记得怎样骑吗？" 他会说："这几年里，詹姆斯都没有骑过自行车，也不知道他现在是怎样骑自行车的？"对于这个问题，他还会做这样的实验：准备一辆自行车给詹姆斯，记录下他骑完6个街区花费了多少时间、中途失败的次数，在实验结束后，他会对詹姆斯说："你现在骑自行车的水平，和五年前相比，下降了25%。"

事实上，我想告诉大家的是：为了得到习惯保持和丧失多少的数量，行为心理学家会把个体放回到原来的情境中，看看一段时间没有训练，个体的技能到底是什么样的情况？如果詹姆斯的车技没有他第一次骑自行车时那样好，行为心理学家就会说，他已经失去了骑自行车的习惯。

我们还需要清楚一点，机体的每一种形式都是人类需要的。实验告诉我们，无论是人还是动物，简单的反射都可以被很好地保存下来。所以，在行为心理学家看来，那些被其他心理学家称为"记忆"的东西，可被取代为——个体在疏于练习期间，他的技能保持情况和丧失情况，并以此对一个特定习惯的保持力进行判断。

对于记忆的论述，到这里并没有完全结束，之后我们会继续讨论。

08. 行为主义者如何看待意义

不认可行为心理学的人觉得，行为心理学家没有合理地解释意义。对此，我想说一下自己的观点：我认为，意义没有科学内涵，它是从哲学和内省心理学那里引用过来的，所以还是应当让它回归内省心理学和哲学。

如果行为心理学家为了替自己申辩，必须对某种意义做出解释的话，那我也只能用案例说话。现在，我们就以“火”为对象来举例说明。

· 3岁时我被火烧伤过，之后我很害怕看到火，总想躲着它。后来，通过一个无条件作用的过程，我在家人的帮助下，克服了这一消极反应。于是，新的条件作用产生了。

· 我长时期待在寒冷的野外，回到家里，我慢慢地朝火炉靠近。

· 我第一次出去打猎时，试着自己用火烤食物。

· 我学会了用火融化铅，还会把铁条烧红制作成我想要的东西。

从小到大，我用了100种方式对火形成了条件反射。也就是说，在有火的情况下，我能够做100种事情中的任何一种，但不是同时去做几件事，一段时间内我只能做一件事。当我饥肠辘辘时，我会用火熏猪肉和煎鸡蛋；在野营后，我会从小溪中取水来灭火；碰到着火的情况，我会大喊“救命”，并给消防打电话求救；当我被森林中的火包围时，我会跳进湖里；天气寒冷时，我会靠近火炉，温暖寒凉的身体。

意义，只是反应形式的一种，也就是个体对某个物体进行反应一种形式。无论在什么时候，个体对物体进行反应时，只能用这些方式中的一种，如果你认可这一结论的话，那我认为就不需要再讨论什么意义了。

当我在操作领域对我的实例进行选择时，同样的过程也发生在言语领域中。换而言之，当我们了解了个体行为的所有形式的起源，知道其组织的不同变化，就比较容易设置和操纵引起各种组织形式的情况了。而我们也就不再需要“意义”这个术语了，它就是一种方式，告诉个体它正在做什么的方式。

没错，行为心理学家没有对意义作出任何说明，但我们通过前面的例子，却能够知道所谓的“意义”到底是什么。这个单词，行为心理学家是不需要的，也没有任何价值。

第8章

情绪心理：人类与生俱来的情绪反应

成熟的个体，无论是男性还是女性，在一般情绪状态下都会呈现出普遍反应，没有任何的违和感和过度感。

——约翰·华生

有哪些情绪是我们与生俱来的？我们的新情绪是如何养成的？又是如何失去原有的情绪的？在传统心理学看来，人类所有的情绪都来自于人的本能，而行为心理学家通过观察却发现，只有少数生理上的反应是源于非习得的资质，人类大多数的情绪都是后天习得的。传统心理学的观点和行为心理学的实验观察结果大相径庭，这就使得我们不得不考虑如何更好地表述出情绪的概念。之前的学术经验提醒我们，我们的课题研究不能脱离人的情绪，否则的话，很难获得相较于“本能”而言更多的研究价值。

19 世纪初期，弗洛伊德派和后弗洛伊德派发表的著作数量，几乎比其他学派著作的总和还要多。然而，行为心理学家并没有大量的文献资料中，找到可以代表其核心理论的观点。为了弥补这一空白，行为心理学家在十年前也开始了对情绪的研究。就在他们的研究进展到一定阶段时，他们偶然间发现，情绪问题本身不用那么复杂，且可以通过各种客观的实验方法来解释情绪导致的问题。当时，几乎所有学者都支持詹姆斯的情绪论，但这并没有阻挡行为心理学家革新局面的步伐。

01. 情绪内省理论的误区

19世纪末，詹姆斯发表了一篇学术文章，第一次提出“情绪内省”理论。他认为，人的真实情绪不能通过客观实验进行描述，其真实性与合理性也无法验证，只能通过人本身对情绪的主观感受，才可以得出最准确的结论。

如今看来，詹姆斯的理论不够全面，可在19世纪，在人们的认知水平还比较低下的情况下，几乎所有的心理学家都认同他的观点。这就使得，情绪心理学开始误入歧途。在很长的一段时间里，受到詹姆斯的影响，人们不再深入探究情绪本源的问题，可在此之前，情绪的研究在人类历史中一直没有停止过，早期有不少哲学家和生理学家都对情绪进行过大量的实验。兰格、达尔文和门特加扎是真正把情绪引入科学实验领域的人，他们虽然尚未形成一套完整的情绪理论体系，可至少离正确的道路很近。

达尔文曾经进行过一项恐惧情绪实验，对此他作了如下的描述：“受到惊吓的人双腿不停地颤抖，就像木偶一样站在那里纹丝不动。他们屏住呼吸，蜷缩着身体，怕别人发现他们。他们的心跳越来越快，每一次心跳似乎都要把他们的体力和毅力消磨光。此时，他们已经不能像平常那样高效地工作，甚至没办法传送大量的血液到身体的各个部位。他们的肤色会在短时间内变得毫无血色，导致这种表皮苍白的主要原因是，血液流动中枢收到皮肤小动脉收缩之类生理运动的影响。另外，当一个人感到非常害怕时，其皮肤会明显受到影响，具体的表现是出汗。这种汗水流出得很明显，等皮肤表面冷却下来后，就会成为一身冷汗。当汗腺处于正常兴奋状态时，皮肤表面会持续发热，温度不会下降。”

“感到害怕的人，皮上毛发会竖得很高，表层肌肉会不停地颤抖。这时，心脏也会受到影响，最明显的就是呼吸加快。由于唾液腺的问题，人会出现口干舌燥的症状，嘴巴经常一张一合。在轻微的恐惧下，有强烈的张口倾向，有一个比较明显的症状就是身体的每一部分肌肉都在颤抖。先是嘴唇，受到嘴部肌肉颤抖和嘴巴干燥的影响，声音会变得和以前不一样，或是沙哑，甚至完全失声。当恐惧的情绪强烈到一定程度时，各种奇怪的现象都会冒出来，比如心跳加速或几乎停跳，接着是眩晕、脸色发白、呼吸沉重且无力、鼻孔张得很大、嘴唇抽搐、脸部肌肉不停地颤抖、喉咙处不停地吞咽、眼睛睁得很大、眼球突出、盯着让自己感到害怕的东西，或是眼球不停地转动，瞳孔放大；身体的所有肌肉很有可能会变得僵硬或出现颤抖，手没有规律地进行握拳和松开的动作，还不停地哆嗦；手臂做抵挡动作，像是要挡住眼前让自己感到恐惧的东西。哈根诺尔先生曾经在一个感到恐惧的澳大利亚人身上看到了另一种奇怪的举动，那就是突然的、没有预知的、轻率的逃跑倾向。这种突发情绪特别强烈，即便是骁勇善战的士兵，也有可能对此束手无策。”

兰格有一段关于“悲伤”的描述，我们不妨再看一下：

“伤心的人走路很慢，且很难保持平衡，他们迈着沉重的脚步，垂着双手，面无表情。咽喉部和呼吸肌群开始受影响，声音非常细小，没有一点感染力。他们可能一直保持着同一姿势，或坐或站，沉浸在自己的小天地里。肌肉的正常张力和潜在的支配神经都没有以前那么有力，最直接的表现就是：颈部弯曲、头埋得很低，腮部和颌部肌肉松垮垮的，让他们的脸看起来没有生气，眼睛虽然变大了，但是没有神采，这是因为眼部括约肌松弛无力，以及部分眼珠被垂下的上眼皮盖住，导致上眼皮的提肌丧失了张力。不过，整个自主运动器官的松弛无力，也只是悲伤情绪的一个方面，还有另一个方面很少有人知道。这个方面不容忽视，那就是非自主器官的肌肉，这些肌肉经常被人们忽略，如在血管的内壁上发现的肌肉，它的功能是通过收缩来减小血管的直径。这些肌肉和它们的神经共同组成了血管运动器官，在悲伤的状态下，这些非自主器官的表现和自主运动器官的表现恰恰相反。血管肌肉等非自主器官和自主器官不一样，不会变得麻木松弛，而是收缩得更强烈，让身体的组织和器官处于缺血状态。这种缺血会导致人脸色苍白、身体颤抖、面部特征扭曲、面部松弛，形成悲伤情绪者特有的面容。紧接着，皮肤缺血的另一个现象就会出现，即身体畏寒，浑身发抖。悲伤的固有症状就是肢寒畏冷，很难暖和起来。悲伤得难以自拔的人，他们的内部器官和皮肤一样也处于缺血状态。虽然无法直接看到，但有不少表象都能够证明这一点，我们能够觉察到人体各种分泌液的减少，如嘴巴干、舌头黏而重、有苦味感等。如果哺乳期的妇女陷入悲伤的情绪中，还会造成奶水减少或彻底回奶。还有一种特例，就是因悲伤过度而哭泣。哭泣伴随着大量的泪水、红肿的眼睛，以及鼻黏膜分泌的增加。可见，带有哭泣的悲伤和单纯的悲伤还是有很大区别的。”

兰格的理论先于华生的行为心理学，所以我们可以认为，他的理论是真实的。起码它是通过观察和实验得出的结论，且准确、客观地对组成悲伤情绪的不同反应进行了描述。众所周知，实践是检验真理的唯一标准。

接下来，我们来看看门特加扎对心怀“恨意”的人的表情特征的描述："他们的头和脖子缩向后面，身体向后退；手自然地伸向前，像是要把憎恨的对象阻挡在外；他们眼睛眯起或紧闭，上嘴唇抬起，鼻子收得紧紧的，做出最简单的回避的样子；接着，他们会表现出有威胁性的动作，如皱眉、瞪眼、龇牙咧嘴、气喘吁吁、咆哮高喊、语无伦次、声音颤抖、吐唾沫等； 最后，伴随着血管运动会出现全身发抖，嘴唇、面部肌肉、肢体、躯干等部分痉挛的现象，抑或是产生咬拳头或指甲等自虐行为，还会不时地冷笑，脸色变幻不定，忽红忽白，鼻孔张得大大的，一副气急败坏的样子。"

从上述这些对情绪反应的描述中，相信你可以全方位地了解一个人的面部表情和生理特点了。不过，需要说明一点，我引用这些学者的描述，不是为了暗示我的观点和他们的不谋而合，而是想要说明一个事实，那就是他们曾经客观地对表现出上述情绪状态的人群进行过观察，并对其进行了详细的描述，可见他们的观察态度是很严谨的。

相比这些更接近事实的客观观察结果，詹姆斯的理论完全与之背道而驰，他曾经说："所有这些描述的结果，让情绪的描述性文字成为心理学中最枯燥无味的一部分。它不仅冗长，还会让你觉得它细分出来的部分，都不是真实的，或是无关紧要的。它那自命正确的样子，完全就是在说谎。"

毫无疑问，这番话否定了实验和客观的作用，也与实践出真知的根本理论相悖。詹姆斯其实是在找一个公式或定论，想把所有的情绪都套进其中，这跟中国古代道家以阴阳划分万物有点像，带有一定的形而上学的思想。詹姆斯太看重主观的理论，这无益于朝着正确的方向去研究情绪心理学。不过，他的"自省"研究方法和创作出的情绪公式，还是有积极意义的，有助于后世对情绪心理学的继续研究。

02. 没有万能的情绪公式

詹姆斯为了证明自己的理论，创造了一个万能的情绪公式，其核心就是“内心意识”。詹姆斯的理论和达尔文、兰格、门特加扎的理论刚好是相悖的，在他看来：“身体的变化直接伴随着对现存事物的知觉而产生，当它们发生时，情绪就是人们对这一变化的感受。如果我们假设一种激烈的情绪出现，然后尝试从身体的所有感受的意识中去提炼，我们就会发现，这种做法毫无意义。没有一种心理原料能够组成情绪，剩下的只是一种冷静的、中性的状态。”这就是说，詹姆斯认为身体的变化是源于知觉的产生，而知觉唯有本人能够感受到，其他人是不可能体会到的。

按照詹姆斯的说法，实验者研究情绪状态的最佳方式，应当是一动不动地站着，直至产生了某种情绪，然后内心意识开始作用、觉察，最后，人的内省意识可能会觉察到以下一组反应：开始感受到心跳变慢，接着是嘴巴干燥，然后是腿软，等等。这组感觉是恐惧呈现出来的情绪反应，因此，詹姆斯认为人必须从自己的内省中去觉察他每时每刻的情绪反应，且没有一种实验方法能够对被观察者情绪状态进行证明。当然，观察结果的验证就更是荒谬了。简单来说，就是他认为不可能科学、客观地对人的情绪反应进行研究。

在那个时代，詹姆斯的理论看起来是很完美的，但其实非常不全面。詹姆斯和他的追随者们忽略了一个问题，那就是对情绪反应的起源问题没有进行系统化和科学化的探究。他认为，人的情绪反应都是源自于祖先的传承，所有人都如是。可现在我们知道，这个理论是错的，因为每个人的情绪反应都不一样。比如，有的人看到一只老鼠就会心跳加速、特别害怕，而老鼠饲养员或鼠类爱好者看到再多的老鼠，也不会产生任何害怕的情绪。再如，多数人在遇到危险时，都会两腿发抖、惊慌失措，但接受过特殊训练的特种兵，却可以冷静地面对突发事件，情绪对他们的影响微乎其微。

这些事例都告诉我们，通过纯粹的自我研究或是套用公式，不可能科学地解读情绪。詹姆斯的理论让心理学失去了最科学、最有意思的研究部分，他用简单的表述就把情绪研究引入了歧途，让它与科学性和系统性渐行渐远。

03. 两种不同的情绪分类法

詹姆斯为了研究内省所感知到的身体变化，将情绪简单地分为痛苦、愤怒、恐惧和爱四类。在这四种主情绪中，又依照道德感、理智感和美感进行了情绪细分，将每一种主情绪分化出几十甚至上百种分情绪，并制作成了情绪表。分情绪的数量实在太多了，我们就不一一介绍了。

英国心理学家麦独孤发现了情绪和本能的关系，他对情绪作出了和詹姆斯完全不同的分类。他认为，人的每一种情绪都很容易引发或伴随一种本能，比如人在觉得害怕时，会不自觉地想要逃跑；讨厌某个人时，会不自觉地产生排斥；顺从某个人时，又会出现自卑的本能；得意时会产生自主的本能；温柔时会产生父爱和母爱的本能；愤怒时则会引发攻击的本能。另外，还有一些很难在个性中进行分类的情绪倾向。

麦独孤没有对情绪或本能进行精细的分类，因而我们就不再多说了。而且，我们也不必花费大量时间对流行于心理学教科书中的一系列情绪分类进行研究，它们大都是主观臆断的，没有多大意义，更无法用客观的实验方法来验证。可以这样说，在行为心理学诞生之前，所有关于情绪的分类，几乎都没有经历过实践的检验。

04. 行为心理学家的情绪研究之路

20世纪初，行为心理学诞生了。它的出现，完全打破了詹姆斯的内省情绪理论。行为心理学家从一个全新的角度对情绪问题展开研究。他们有一个习惯非常好，就是对前辈们积累的资料将信将疑，也不完全相信上代的至理名言。他们在开始自己的研究之前，会把前辈们的糟粕理论完全抛诸脑后，重头做起。很快，他们就发现了詹姆斯的理论太过狭隘，有很大的局限性，并重新拿起多数人已经不再用的实验方法，把达尔文、兰格和门特加扎等学者们未走完的情绪研究之路继续走下去。

通过观察成年人，行为心理学家得出一个结论：成熟的个体，无论是男性还是女性，在一般情绪状态下，其反应都是很普遍的，没有夸张的感觉。但也有特殊情况，毕竟每个人对周围环境都有不同的认知，所表现出的情绪反应也不尽相同，有的可能会跟正常的思维逻辑不太一样。

举个例子：住在南部原始人部落的居民，通常都会在太阳下山后长跪在地，对着黑夜祈祷，并且全身颤抖，连哭带喊，祈求上帝饶恕他们曾经犯下的罪孽。这些原始居民有自己的禁忌，他们不会在晚上从墓地经过，被雷电劈中的树木，他们也不会拿去焚烧。夜幕降临后，村落里的大人、孩子都会聚集在住宅外面，他们迷信地认为，来自夜空的魔鬼会折磨自己，让自己承受苦难，所以夜晚就要聚集在外面，避免魔鬼入侵，就像人们对待地震的态度一样。对我们来说，黑夜这个情境再普通不过，可到了这些原始部落的居民那里，却会引起紧张的情绪反应。

再举一个例子：成长在大城市的3岁孩子，害怕的东西有很多，如黑夜、兔子、老鼠、狗、青蛙、鱼、昆虫、动物玩具等。我们可以做一个实验，在一个3 岁孩子专注地玩积木时，在他面前放一只青蛙或其他动物。这时，他会停下手头的一切活动，立刻躲到墙角或可以隐蔽的角落，并哭喊着："拿走，拿走！"然而，其他孩子未必会害怕这些东西，但他们有可能会对另一些东西感到恐惧，或者还有少数孩子对很多组事物都没有恐惧的反应。这些不同的被试对同一组事物表现出的不同反应，让我们了解到一个事实：纯粹的自省根本没有办法彻底地研究情绪，只有通过科学的实验论证，才能从本质上解读情绪。

行为心理学家对成人的各种情绪反应研究得越深入，就越发现，有些人对周围的事物和环境作出的情绪反应比正常人要强烈得多，而掌控这些事物和环境所需要的情绪反应更是混杂。对某些人来说，这些事物和环境似乎拥有了一种能影响人意志力的能量，迫使那些对其敏感的人作出各式各样的情绪反应。比如，我们知道一些黑人喜欢收藏兔子脚，在正常人看来，兔子脚只是动物尸体上本该被处理掉的器官，或者有人将其作为喂养宠物的食料。可是，对不少黑人来说，这些兔子脚却有着特别的意义，他们就像处理一件工艺品那样去处理兔子脚，先把兔子脚晒干，然后进行打磨、润色，再放进自己的口袋，小心翼翼地保存着它们。每当遇到困难或险情时，他们就会从口袋里拿出兔子脚，对它进行膜拜和祈祷， 希望以此保佑自己。由此可见，他们对兔子脚作出的反应，远比正常人的情绪反应要强烈得多，这里面隐含着他们对神明的崇拜，就如同宗教会里出现的仪式那样。

文明在一定程度上让客体和情境拥有了更多的意义，以至于让一些特定的人对它们作出超常的反应。比如，面包是我们饿了时会吃的食物， 葡萄酒是我们宴会、正餐或平时喝的饮品，两者都是很普通的东西。可是，当这些东西出现在教堂里，以圣餐的形式提供给信徒们分享时，他们就会做出低头、默想、低声祷告等行为。在一些特殊的宗教里，圣人的骨头和遗骸对信徒的意义非同寻常，他们会对着逝者的骨头进行膜拜。这些行为跟黑人对兔子脚作出的反应不太一样，可对他们而言，这也是一种神圣的仪式。

我们经常会在生活中看到类似的文明对人产生的影响。比如，有些人走路时总是离狗和马远远的，他们非常忌讳这些东西，甚至可以为此绕路而行，或是掉头回去。关于姓名、称呼的忌讳，差不多存在于任何一个有文明可考的国度。试想一下，如果我们把生活中遇到的这些客体和情境都挪到一个足够宽广的领域，然后站在伦理学的层面，制定出一套人们对这些客体和情境该有的生理学反应和行为，并将其作为指导人们行为规范的标准， 用来对人们日常的行为举止进行考察。那么，不久以后，我们就会发现，会有一些人在生活中表现得很怪异。怪异通常表现为以下几种形式：过度反应、反应迟钝、反应麻木、反应阻滞、反应消极，以及被公众伦理所排斥的反应。

环境和意识对人类的情绪都有影响，它们非常复杂。所以，我们在情绪反应方面并没有相应的的标准，但我们可以尽可能地靠近它。就像我们现在对昼夜、季节和天气的反应，完全异于古代人对它们的反应。古代人认为，一棵树被雷电击中是因为遭受了诅咒，还认为在战场上拥有了敌人的指甲、毛发和排泄物，就可以用巫术来制服敌人，而我们却不会这样认为。科学、地理和旅行，让我们对事物的认知不同于过去，生产力的解放让我们不再对事物大惊小怪。就如市场上到处都是加工过的食物，我们不再去关心它们干不干净，而是会关心它们能否让我们的身体变得健康。

上面说的都是常见的情景，但有一个事实不能忽视，社会中的非常态现象在世界各地依然存在。当然，它们不是普遍现象，比如一个女人可以同时拥有多个丈夫，一个男人可以同时拥有多个妻子；闹灾荒的年代，会出现吃人肉、易子而食的情况；一些部落或是落后的民族，相信用特殊的孩子献祭就可以让神明不再生气；还有一些地方有把妻子作为物品借给邻居、来客的习俗。

要使情绪反应完全标准化真的太难了。事实上，在很长的一段时间里，我们的社会都不可能实现。这就好比对英雄的崇拜，我们小时候会崇拜父母，成长的过程中又可能会崇拜文艺作品中的英雄人物，长大后又可能会崇拜领域内的权威人士，如作家、艺术家、领袖、明星、运动员、教会长老等，在这些人面前，我们的反应就像一个孩童。

05. 复杂情绪无法自行习得

成年人的情绪反应太复杂了，想把一个成人作为研究对象很难。相比之下，婴儿的情绪反应就简单多了，也很直接，所以我们以婴儿为研究对象，从社会中选取了实验标本：一部分孩子来自贫穷家庭，另一部分孩子来自富裕家庭。实验过程中，让他们单独面对相同的实验情境，即让一个孩子待在游戏室内，然后放进一个小动物。

为了了解孩子真实的情绪反应变化，我们需要在平日里适当改变一下他们的生活情境，比如让一个不熟悉的人用不同的食物喂养他们，或是给他们穿衣、洗澡；在拿走玩具或是保护措施完善的情况下，把他们放置在高处。实际上，现实生活为我们提供的测试方法还有很多，在此不能一一赘述。

早期的实验过程告诉我们，来自于贫困家庭或富裕家庭的孩子，作为被观察的实验对象，他们并不够理想。由于成长环境的特殊性，他们表现出来的情绪也比较复杂。随后，我们又在医院里选择了一些由妈妈喂养的健康婴儿，还有一些年龄大点的、有家庭的孩子，当然不会超出实验者的观察范围。这些孩子中，有的一出生就开始接受观察，直到一周岁；有的孩子被观察了两年；还有几个孩子被连续观察三年。接下来，我们列举两个实验来进行论证：

实验1：观察孩子在实验室内对毛绒动物的反应

我们提前将孩子安置在实验室内，再让不同的动物进入其中。孩子被放在一个不受限制的房间里，或是由母亲和护士分别陪伴，或是独自一人，以便区分在不同人陪伴的条件下，他们对毛绒动物的反应是否一致。房间被设置成暗色，墙也是黑色的，没有任何家具，只有一盏灯。这样的安排是为了给孩子创造一个特殊的环境。

一开始，我们让一只活泼的黑猫出现在孩子面前，它个性温顺，喜欢用叫声吸引他人的关注。它围着婴儿转来转去，用毛茸茸的身体和婴儿的皮肤接触，婴儿对此也作出了积极的反应，高兴地去触摸猫的身体，抓它的鼻子，摸它的眼睛。在其他孩子身上，也出现了这种普遍的反应。

接着，实验对象换成了一只兔子，它也展现出了应有的活动特征，并激发出了婴儿的掌控欲。孩子们喜欢用手去抓兔子的耳朵，把长长的、毛茸茸的耳朵塞到自己的嘴里。

实验过程中，我们还用到了小白鼠。由于白鼠的体型过小，婴儿根本没有注意到它。然而，只要动物的体型大到能够吸引婴儿的眼球时，他们就会出现触摸反应。

我们还用过其他的动物，比如艾尔谷梗种狗、鸽子、青蛙等，实验证明：无论房间的条件如何，婴儿和这些动物在一起时，都能很快成为“朋友”，不会产生害怕的反应。相反，那些有过外部生活经历的孩子，大部分都对白鼠、兔子或其他毛绒动物感到害怕，并出现逃避的行为。

实验2：不同年龄孩子的情绪性恐惧反应

1924年夏天，华生做了这样一个实验他带着3岁的大儿子和7个月的小儿子去动物园。小儿子只有习得性情绪，没有形成条件反射的情绪性恐惧反应，而大儿子已经经历过了复杂的条件反射。比如，大儿子曾在游泳时发生过危险，所以他害怕水；他还被狗咬过，因此在一定程度上也形成了对狗的条件反射，但这种恐惧还没有迁移到其他毛绒动物身上。

在动物园划船时，水溅到了船里，大儿子明显感到很害怕，不时地提醒父亲船里的水太多了，小儿子对此却根本不在意。当他们从船上下来，看到各种小动物时，大儿子表现得很兴奋，不时地用水果喂养跑过来的小动物，还想去笼子里触摸黑猩猩。小儿子的反应有些消极，在动物园里一天都处于怏怏的状态，好像没什么东西能够吸引他的眼球，只是偶尔看看天上的鸟儿。

上述两个实验告诉我们：婴儿身上确实存在非习得性反应，但这些都不能被视为情绪建立的开端。没有经过足够多的条件反射，婴儿无法自主学习复杂情绪，他们只能依靠外界的刺激来完成。这一结论把詹姆斯的内省理论彻底打破了，舍弃了只研究意识的观点，也使得情绪行为起点的研究不再只关注于个体内部，同时还把目光转向了外部（外界刺激）。

06. 三种不同形式的情绪反应

对新生儿进行刺激，会让他们出现三种不同形式的情绪反应，即惧、怒、爱。但在使用它们时，需要把之前的内涵清除掉。我们在对待这几类反应时，应当像对待呼吸、心跳、抓握等非习得的反应一样。下面，我们还是用实验的方法来验证它们的存在。

· 惧

通过对婴儿所做的实验，我们发现：新生儿对于剧烈的声响反应明显，比如用一把锤子用力敲打钢条发出的响声，会让婴儿产生如下反应——惊起、惊跳、呼吸停顿，紧接着他们的呼吸会变得急促，同时出现血管运动变化，婴儿会抿起嘴唇、握拳，眼睛突然闭上或睁开。在那些没有大脑半球的婴儿身上，这种现象更加明显。

婴儿出生的时间不同，所表现出的反应也不一样，会分别出现哭喊、爬行、摔倒、走开、逃跑等现象。不过，也不是所有的声音都能够激起婴儿的反应，那些非常低的声音或颤音就不行。当然，也不是所有的高音都可以让婴儿产生反应，高尔顿口哨的音调很高，却无法刺激到婴儿，激发他们的反应。

为了验证我们的观点，我们对刚出生三天的婴儿做了实验。通过大量的实验，我们发现：纯音很难激起婴儿的反应。在做这项工作时，我们必须花费大力气研究声音刺激的性质和反应的各个部分，只有这样，才能具体描述出更加完整的刺激，也就是反应的整个过程。

此外，婴儿在身体没有得到补偿支持时，也会激起恐惧反应。我们在生活中经常会看到这样的情景：新生儿进入睡眠状态时，如果从床上掉下来，或是裹着他身体的毯子被人使劲地拽了一下，并拉着他一起变换位置，婴儿会感到害怕。

在实验中我们发现，如果用同样的刺激，如巨大的声响或是类似这样的刺激，不停地作用于刚出生几个小时的婴儿，只能激起一次恐惧反应。若想用同样的刺激再次唤起这类新生儿的恐惧反应的话，中间必须要有一定的时间间隔。

不只是婴儿，成年人或高级灵长类动物，在个体失去支持且没有准备好时，也会产生恐惧反应。比如，很多马在过河时会很害怕，人也是一样。如果在过河时，桥身是一条很窄的木板，桥下的水深不可测，我们会心跳加速，身体的肌肉也会不自觉地处于紧张状态。通常情况下，当一个孩子第一次接触水时， 必然会很害怕，因为水的浮力会让他失去平衡，哪怕水温尚可，他也会呼吸加速，不停地哭喊着、扑腾着。

·怒

如果身体运动不能顺利进行，我们就会生气。成人在看管孩子时，经常会不自觉地对儿童的身体运动进行限制，让孩子产生烦躁、易怒的情绪，大哭大叫，甚至跟大人对着干。通过大量的实验观察，我们发现，这种现象早在婴儿刚出生时就已经表现出来了，且在10~15 天的婴儿身上表现得更加明显。当我们把婴儿的头轻轻捧在手里，强迫他们分开手臂，或是紧紧抓住他们的腿时，他们就会生气，表现出身体僵硬、屏住呼吸、不停地舞动四肢的反应。虽然他们不会马上哭叫，但还是会把嘴巴张到最大，呼吸停顿，直到脸都变青了。在确保婴儿安全的情况下， 只要稍微给他一点压力，发现他的小脸发青以后，实验就可以停下来了。比如，我们用细绳把实验中的孩子的手臂拉起来，再把一个很轻的铅球系到细绳的另一端，铅球的重量不足一盎司，但还是会妨碍婴儿手臂的运动。这时，因为手臂的运动受到了阻碍，婴儿开始生气，表现出上述的症状。事实上，在日常生活中经常会发现，粗暴地给婴儿穿衣服时，他们就会出现生气的反应。

·爱

在研究婴儿爱的情绪反应的过程中，我们经历了不少的困难，但最终还是在实验中发现，对婴儿皮肤的抚摸、挠痒、轻轻地摇晃、轻拍等行为，会引发婴儿爱的反应。我们还发现，如果对婴儿的嘴唇、乳头等性感带的器官进行刺激，更容易唤起爱的反应。

这种爱的反应涵盖了许多方面，如善良的、和蔼的、亲密的等等。事实上，对成人来说，这也是两性之间的爱的源头。那些能够带来最初爱的动作的人，都会在一定程度上促进婴儿情绪的发展。当一个母亲抱着自己的小婴儿时，总会不自觉地去抚摸他，在给孩子喂奶或哄孩子睡觉时，也会轻轻拍着孩子身体的某个部位，这些动作都会引起儿童爱的情绪。

婴儿所处的状态，决定着他的这种反应。当婴儿正在哭闹时，亲人抚摸他，他会突然停止哭闹，然后露出笑容，并发出声音。其实，很多人都有过类似的体会，当婴儿长大一点，如果被挠痒，他会不停地乱动，还会发出咯咯的笑声。

07. 复杂情绪是如何产生的

我们在观察时发现了婴儿的一些反应，那么，怎样才能让这些反应等同于成年人在情绪生活中所表现出的那些繁杂的东西呢？我们都知道，很多孩子都怕黑，而不少成年妇女也会害怕一些动物，比如老鼠、蛇和一些昆虫。可以说，生活中许多被使用的物体，上面几乎都带着人们的各种情绪。以恐惧为例，它就广泛地存在于人们所处的环境中，如森林、水等。同样，许多物体和情境也会引起爱和怒的反应，且随着个体阅历的丰富，它们的数量也会增加。最初，引起爱和怒这两种情绪反应的原因，并不是因为看到某种物体，而是在后来的生活中，只看到人就会引发人们的这两种情绪。有些个体一开始不容易把复杂情绪激发出来，可一段时间过后，他们就有了各种各样复杂的情绪，也让情绪生活的危险性和丰富性增加了。那么，复杂的情绪究竟是怎样产生的呢？

早在20世纪初，我就已经着手研究这个问题了。事实上，在决定做实验之前，我和助手们一直都拿不定注意，因为这个实验需要反复激发婴儿的恐惧，并找到消除的方法。虽然这项实验并不危险，但哪怕是很小的概率，也会给婴儿造成心理阴影。所以，这个实验被搁置了很长时间。可是，想要深入了解这一问题，找到更有说服力的论据，还是必须继续研究。华生似乎只能孤注一掷，最后，他找到一个11个月大的婴儿。这个婴儿重21磅，名叫阿尔伯特，他的父亲是哈哈瑞特·莱恩医院的一名护理。阿尔伯特就是在这家医院出生的，且一直住在医院，很惹人爱。

在进行实验之前，我们要明确做这个实验的目的。大家都知道，巨大的声响很容易激发婴儿的恐惧反应，所以我们决定使用这一刺激对阿尔伯特进行实验。之前，我跟大家说过，一个条件反射的建立，必然有激发这种反应的基础刺激。所以，我们要做的就是为这种反应提供一个其他的刺激，以激发这个反应。举个例子，在蜂鸣器响起时，我们想达到让手臂和手剧烈颤动的目的，就必须在蜂鸣器响起时，用一种方式对手臂和手进行刺激，让其发生颤动。当然，可选择的方法有很多，如电击或其他方式。如此一来，在短时间内，只要蜂鸣器一响，你就会看到受试者的手臂开始震动，似乎真的被电击了一样。现在，我们就用这样的方式对阿尔伯特进行实验。

在此之前，我们进行过多次实验，结果表明：只有巨大的声响和失去支持，才会引起孩子的恐惧反应。我们先对阿尔伯特进行的就是这一实验。在实验中我们发现，在他周围12英寸内的所有东西，他都想触摸一下。对巨大声响的反应特征，他跟绝大多数孩子是一样的。我们用木匠的斧头对一根直径为1英寸、长3英尺的钢条进行敲打，阿尔伯特对钢条发出的声响作出了最明显的反应。我们之所以对阿尔伯特做这个实验，是为了让他看到小白鼠时，产生恐惧反应的条件反射。

我们详细地记录了这个实验，实验记录把建立条件反射的过程中情绪反应的进展情况都显示了出来。

· 阿尔伯特11个月零3天的实验记录

我们在阿尔伯特面前放了一只小白鼠，这只小白鼠在此之前已经跟他玩了3天。阿尔伯特对于突然出现在眼前的这个小动物，表现出了很大的兴趣，他很自然地伸出手去摸它。就在他的手刚刚碰到小白鼠时，我们在他的脑后敲响了那根钢条，钢条发出的响声让阿尔伯特一跃而起，并向前摔了一跤，他的头埋进了垫子里，但他并没有哭出来。

过了一会儿，他又伸出手去摸小白鼠。就在他刚刚碰到小白鼠时，我们又在他脑后敲响了那根钢条。和上次一样，他突然跳起来，向前摔倒，这一次他开始哭了。

这次实验过后，阿尔伯特的情绪变得不再平静，为了防止发生意外，我们把下一次的实验安排在了一周之后。

· 阿尔伯特11个月零10天的实验记录

第一，在非常安静的情况下，我们让小白鼠突然出现在阿尔伯特面前。看到小白鼠后，阿尔伯特并没有想去触摸它的倾向，只是目不转睛地盯着它。然后，我们把小白鼠朝他的位置挪近一点。这时，阿尔伯特试着伸出右手去摸它。可是，当小白鼠的鼻子刚一碰到他的手，阿尔伯特立刻把手缩了回去。接着，他用左手的食指去触摸小白鼠的头。可是，手指还没有碰到小白鼠，他又突然把手抽了回去。

阿尔伯特的这一行为告诉我们，上周我们对他做的那两次实验，现在依然发挥着效用。接下来，我们又对他进行了一个小测试，这次的测试工具是他的积木。在测试的过程中，我们密切观察，看积木是否具有同样的条件反射。结果显示：阿尔伯特立刻把积木捡起来，然后扔掉或敲打它们。在后来的实验中，我们不时地用积木对他进行安慰，并用积木来测试阿尔伯特的情绪状态。在小白鼠产生的条件反射过程中，积木很容易被忽视。

第二，利用组合刺激。在小白鼠出现后，实验员敲响钢条，发出声响。这时，阿尔伯特吓了一跳，立刻倒向右侧，没有哭。

第三，利用组合刺激。阿尔伯特向右倒下，用手撑着小小的身体，把头转过去，不去看小白鼠，也没有哭。

第四，利用组合刺激，阿尔伯特的反应和上面一样。

第五，没有敲钢条，只让他看到小白鼠。此时，阿尔伯特皱起眉头，开始哭泣，且伴随着身体急剧向左退缩的行为。

第六，利用组合刺激。这一回，在组合刺激下，阿尔伯特突然向右边倒下，开始哭泣。

第七，再次利用组合刺激。阿尔伯特受到突然的惊吓，开始哭泣，但没有摔倒。

第八，小白鼠单独出现，看到它的一瞬间，阿尔伯特开始哭泣，且立刻将身体转向左边，扑倒在地，快速向前爬。

阿尔伯特的实验对个体情绪的复杂性进行了验证，也让我们知道，复杂情绪是由非习得性情绪衍生出来的，同时也进一步说明，人们的情绪并非来自遗传，而是源于外界的刺激。

08. 条件情绪反应的泛化与迁移

在利用小白鼠做实验之前，我们已经给阿尔伯特准备了许多带毛发的物体，如兔子、海鸥、毛坯套筒、护理员的头发、假面具，让他与它们玩几个星期。我们要检验的是，阿尔伯特在经过对小白鼠形成的条件反射后，重新看到它们，会有什么样的反应？他重新面对这些物品和动物时，会受到什么影响？

为了达到这一目的，我们并没有急着对阿尔伯特进行实验。在接下来的五天里，我们没有让上述的任何一样东西出现在他面前。第六天过后，我们也没有先给他看那些东西，而是先用小白鼠对他进行测试，看他是否会出现条件反射的恐惧反应。为此，我们做了如下记录。

·阿尔伯特11个月零15天的实验记录

第一，用积木对他进行测试。阿尔伯特看到积木时，马上用手去拿 ，就像平时那样玩。这个测试显示，房间、桌子、积木等物品无法让其产生情绪转移。

第二，当我们把积木拿走，把小白鼠放到他面前时，情况就不同了。阿尔伯特看到小白鼠后，马上哇哇大哭，并收回右手，转过头和身体，不去看小白鼠。

第三，再给他拿来积木。阿尔伯特立刻拿起来玩，也开始笑了，在玩的过程中发出咯咯的笑声。

第四，再次用小白鼠进行测试。阿尔伯特看到小白鼠，身体立刻向左倾斜，可以感受到他在尽可能地躲避小白鼠。在这个过程中，他倒在了地上，但他立刻转过身躯，爬向离小白鼠更远的地方，努力躲开小白鼠。

第五，再次把积木放到他面前，阿尔伯特很快拿起积木，像以前那样露出笑容或大笑。

这次实验的结果显示：在这五天的时间里，条件反射一直没有消息。

接下来，我们依次用兔子、狗、海豹皮衣、棉花、人的头发和假面具做道具进行实验，看看它们对婴儿情绪的影响。

第六，实验开始时，只用兔子来测试。突然在阿尔伯特面前放一只兔子，他看到这只兔子时，马上出现了消极反应。他尽可能地让自己远离这只兔子，并开始大哭起来。我们让兔子离他近一点，并让它碰到阿尔伯特。这时，阿尔伯特把脸埋进垫子里，大声哭号，并想要从那里逃出去。他使劲地爬，一边爬一边哭。可以说， 这是一个很有效的实验。

第七，过一段时间后，我们再把积木拿给阿尔伯特，他又像过去那样玩积木。四个人都发现，阿尔伯特这次玩积木时，精力比以往更加旺盛，他把积木举得很，再用很大的力气摔打它。

第八，我们再用狗来测试。阿尔伯特对狗的反应，没有对兔子的反应那么强烈。当他看到狗时，他只是盯着它，蜷缩着身体。当狗靠近他时，他挣扎着想要四肢着地。但是，之后我们再让狗靠近他，他的身子立刻挺直了，朝着狗所在位置的反方向滚去，并转过头开始哭泣。

第九，我们把狗牵走，再把积木拿给他，他立刻又玩起了积木。

第十，海豹皮衣的测试。当我们让阿尔伯特看到海豹皮衣时，他立刻躲到了左边，情绪变得焦躁不安。当我们尝试把皮衣放在离他左边更近时，他迅速把身体转了方向，并开始哭泣，想要爬离那里。

第十一，棉花的测试。我们把棉花放进一个纸袋里，把最上面的棉花露出来。一开始，我们把这个装有棉花的纸袋放在阿尔伯特的脚边，他只是用脚踢开它，没有用手去摸。可是后来，当他的手接触到棉花时，他马上缩回了手，但与看到其他动物或皮衣时相比，反应并不太强烈。过了一会儿，他开始玩纸袋，尽可能地不去碰棉花。不到一个小时，他对棉花的消极反应就已经消失了。

第十二，我们的一位实验人员在实验进程中，把头低下来，想看看阿尔伯特会不会玩弄他的头发。然而，阿尔伯特没有那样做，他尽量远离实验人员的头发。另外两位观察者也效仿了这一举动，但阿尔伯特很快就开始玩弄起他们的头发。可是，当我们的实验员把一个圣诞面具呈现在阿尔伯特面前时，他再次出现了消极反应，虽然他们的头发早已经被他玩弄过。

上述的实验记录为我们提供了一份有关泛化或迁移的证明，而这份证明是令人信服的。在这些迁移中，我们进一步证明了条件情绪反应和其他一些条件性反应完全相同。对此，我认为，在条件情绪反应的泛化或迁移中，是相同的因素在发挥作用。

我们可以效仿其他领域，在情绪领域建立起一种明显的分化反应。如果我们能够坚持进行这个实验，就会发现：不管小白鼠什么时候出现，都会让阿尔伯特产生恐惧反应，而其他任何动物出现的时候，却不会引起什么反应。这种情绪分化经常会出现在现实生活中。比如，在婴幼儿时期，多数人都处在未分化的情绪状态中，对刺激的条件反射混乱而强烈，这在许多成年人尤其是妇女身上表现得尤为突出。她们有一个共同点，就是文化素质不高，一直都很迷信。接受过教育的人，了解物体的操控，也接触过动物，会使用电器，这使得他们达到了较高的层次，即次级的或是分化的条件性情绪反应的层次。

对于这个问题的推理，如果我们是正确的，那么就会有一个恰当的方法，可以解释迁移的情绪反应，其中也包括弗洛伊德所说的“移情”。我们相信，条件性情绪反应在刚开始建立时，首先出现的反应是一个广泛的彼此之间很像的刺激（所有的毛发物体），如果把这个实验一直进行下去，直至实验步骤把未分化的条件反射提高到分化阶段，才能引发反应。不过，这也有一个前提条件，即只有原来的你已建立起条件反射的物体或情境，才能在分化的阶段中引发反应。

09. 内脏和腺体是情绪产生的基础

我们要了解一个事实，很少能够找到证据，来解释被认为情绪反应的复杂形式源于遗传的说法，这与把遗传称为本能是相同的。

对于情绪反应这一研究课题，想要更加精确地对其进行描述，恐怕只能依赖于整个人类的婴儿对刺激的反应。我们通过对这方面所做的研究发现，某些种类的刺激，如响声和失去支持，会让婴儿产生某种类型的反应。就像我们在实验中看到的那样，当婴儿听到响声，或是失去支持时，会出现惊起、短暂的呼吸停顿、哭泣、明显的内脏反应等。而当婴儿运动不顺畅，即被抓握或行动被阻止时，他们会变得烦躁、哭泣、长时间地屏住呼吸，会出现循环系统的明显变化，以及其他的一些内脏变化。如果轻轻地抚摸婴儿，特别是抚摸他们的性感区时，婴儿会停止哭泣、微笑、笑出声来、呼吸变化、勃起，以及其他的一些内脏变化。需要注意的是，它们对于这些刺激的反应，彼此之间不是相斥的，且在很多部位，它们的反应是相同的。

可以说，我们建立所谓的“情绪”的那些复杂的条件反射的习惯类型的基础，就是这些无条件反射的刺激， 以及与此相应的简单的无条件反射的反应。也就是说，个体的无条件反射在条件反射和迁移的作用下，大面积地增加了刺激范围，让它们产生了其他变化。就像婴儿听到巨响会害怕一样，当某一事物伴随着巨响出现时，婴儿的恐惧对象就从巨响迁移到了这个事物上，转而对单一的事物感到害怕。这种恐惧的产生是条件反射引起的，不同于之前的无条件反射。

我们还应当重视另一组会增加情绪生活的复杂因素，比如在不同的情境中，同样的事物有可能是产生恐惧反应的替代刺激，也有可能是产生爱的反应的替代刺激，甚至是产生怒的反应的替代刺激。受到这些因素的影响，情绪生活变得更加复杂，这里我很想把我对人类的更为复杂的反应类型所提出的一种见解介绍给大家。我认为，虽然有不少外显因素存在于所有的情绪反应中，如手臂、躯干、腿、眼睛的运动等，但我们必须承认，内脏和腺体是最主要的因素。就像人们在感到恐惧时会出冷汗，在疏离和难过时会出现剧烈失调的身体反应，以及青春期的孩子的心会出现悸动一样，这些表现不单单是文字描述，更是真实存在的，也是我们能够通过客观观察得到的结果。

对于这一理论，我在这里不多说了，后面还会详细讲到。我想说的是，我们委婉的内脏和腺体的反应，从来没有被社会所掌控，否则的话，它们早就被束缚了。大家都知道，社会很喜欢规范我们所有的反应。很多人的外显反应，比如四肢和躯干运动，包括语言，都是经过训练而成为习惯的。可是，内脏的行为是内隐的，社会没办法掌握它，因而就无法为其整合制定规则和规范。这就使得我们很难找到合适的词汇去描述这些反应，因为它们是非词语化的。我们可以找到恰当的词语，描述两个拳击手或两个击剑手的每一个动作，且可以细致地评论每个人的反应，那是因为，我们对这些过程有惯用的词汇，而这些词汇完全可以把这些动作技术描述出来。不过，这里有一个清晰的规律：如果一个令人情绪激动的物体出现，内脏和腺体分别会出现一定的运动。

我们从来没有为这些反应起过名，因此有些事情虽然发生在我们身上，但我们难以描述它。我至今都不知道该怎样形容它们，因为没有什么词汇可以代表它们。在我们人类社会中，有许多非词语化的东西，这一理论让我们对弗洛伊德主义所谓的潜意识情结、压抑的愿望等，有了一个自然科学的解释方法。可以这样说，我们对情绪行为的研究，能让它回归到自然科学的轨道上，我们的情绪生活和我们的其他一系列习性一样，都在向前发展。如果真是这样，我们曾经养成的情绪习惯还能保留下去吗？我们知道，手势习惯和语言习惯通常都会随着我们的成长而被舍弃和废除，那我们的情绪习惯，也会遭受这样的命运吗？对于这些问题，我们还没有找到任何事实能够作为论证的依据，可现在，我们已经能够解答其中的一些问题了。不过，在这里我先不作解答，之后再向大家介绍。

第9章

情绪反应：条件反射中的实验与观察

情绪只是人类不同的反应类型而已。

——约翰·华生

前面我们所讲的对于阿尔伯特的实验完成于 1920 年，在这之后的两年多时间，直至 1923 年秋天，我们都没有在阿尔伯特身上再做实验。我们开始进一步思索情绪反应，认为它既然能够在准备好的条件下建立，那是否也能够被破坏呢？如果可以的话，怎样才能够做到呢？

在我们对阿尔伯特进行测试后不久，他被城外的一户人家收养，我们没办法再对他做进一步的测试，而且此时我停止了在约翰·霍普金斯的工作。由于这些因素，我们的实验只好先暂停。

1923 年秋天，劳拉·斯皮尔曼菲勒纪念馆给了教育研究所一笔基金，其中有一部分是用于儿童情绪生活研究的，因此我们又有了继续这项研究的资金。有了这笔基金后，我们就开始筹划，并找到了研究的地方——赫克希尔基金会，那里大约有 70 名年龄在 3 个月到 7 岁的儿童。不过，对实验来说，那算不上一个理想之地。基金会对我们提出了不少限制，不让我们完全控制那些孩子，且那里还有一些不可避免的传染病，使得我们的研究再次中断。在这期间，我们遇到了很多困难，但还是做了不少的工作，并记录下了这些实验的结果。

01. 重建条件反射或无条件反射

通过大量的实验，我们得出一个结论：截至目前，消除恐惧反应最有效的方法，就是重建条件反射或是无条件反射。不得不说，用“重建条件反射” 这个词语来解释这一现象，结果是不太令人满意的，它除了被自然科学爱好者们在不同形式下使用之外，“无条件反射”似乎只是另一种可用的词语。

我们也尝试过用无条件反射的方式来消除恐惧反应，接下来，我要为大家介绍一个案例。在这个案例中，我们就使用了这一方法。介绍这个案例的目的，主要是说明人们在这一研究中可能碰到的难题，以及如何使用这一方法。

被实验者是一个3岁的孩子，名叫彼得。他活泼好动、精力充沛，能很好地适应日常环境，但他很害怕兔子、老鼠、毛皮大衣、青蛙、羊毛、棉花、鱼和机械玩具。从上述恐惧状态的描述中，你可能会想到我们之前的实验对象阿尔伯特，他也害怕这些动物和物体。但这里需要说明一点，彼得和阿尔伯特的恐惧反应，产生的环境是不同的。彼得的恐惧是在家里产生的，而阿尔伯特的恐惧是在实验室产生的，且彼得的恐惧反应更加强烈。

彼得被我们的实验员带进游戏室，然后被放到一张有玩具的小床上。

没过一会儿，彼得就开始专心地玩起了玩具。忽然，床边出现了一只小白鼠（实验员躲在屏幕后）。在看到小白鼠的一瞬间，彼得就开始尖叫，仰躺在床上，表现出很害怕的样子。刺激消失后，实验员把彼得抱到椅子上坐好。芭芭拉也在游戏室内，她虽然是一个小女孩，可一点也不怕小白鼠，还把小白鼠放在手里。彼得一动不动地坐在那里，看着芭芭拉和小白鼠。这时，实验员把彼得的一个珠串放到床上，小白鼠看到珠串后，用爪子去碰触珠串上的绳子。每当它这样做的时候，彼得都会埋怨说："我的珠子。"芭芭拉也会去摸那个珠串，但彼得却没有表现出不乐意的样子。实验员让彼得从椅子上下来，他拒绝了，他还是感到害怕。过了25分钟之后，他的情绪才彻底平复。

第二天，实验员记录下了彼得对下列环境和物体的反应：

·实验员把彼得带进游戏室，他自如地拿起玩具玩，坐到小床上。

·实验员向房间里扔进一只白球，彼得看到球后，把它捡起来拿在手上。

·实验员趁他不注意，把毛皮小地毯挂在床边。彼得看到地毯后开始大哭，直至地毯被拿走才停止哭喊。

·实验员悄悄把毛皮大衣挂在床边，彼得看到后开始哭闹。当实验员把它拿走后，彼得才停止哭闹。

·实验员又拿来了棉花，彼得看到棉花后大哭，并一直向后退。

·看到有羽毛的帽子后，彼得大哭起来。

·实验员把一只白色粗布玩具熊拿到彼得面前，他没有作出任何反应。

·实验员拿给彼得一个木制的玩具娃娃，他看到后，也没有作出任何反应。

我们之前在讨论社会因素时，才开始对彼得进行这些恐惧消除训练，且有了很大程度的进步。正当我们打算继续对他进行恐惧消除训练时，彼得患上了猩红热，在医院住了近两个月的时间。期间，我们不得不暂停对他的训练。出院那天，护士刚刚陪着他进入一辆出租车时，车后面就跟上来一条大狗，他跟护士都很害怕。因为刚生了一场，彼得坐在出租车里看起来无精打采的。

彼得出院休息了几天，之后再次被带到实验室，和动物们一起。看到那些动物，彼得表现得很害怕，可以说，那种恐惧感的程度极高。后来，我们决定采用直接的无条件反射的方式来训练他。

我们的方法是这样的：不控制彼得的用餐，但在午餐时一定会给他饼干和牛奶。我们把他安排在一间约40平米的房间里吃午餐，让他坐在小餐桌边的高椅子上。

训练的第一天，实验员拿进来一只装有兔子的网状笼子，放到离彼得较远的地方，力求不影响他吃午餐。效果很明显，彼得没有被这只兔子影响，正常地吃午餐。

第二天，我们把兔子放到离他近一点的地方，刚好能够对他产生影响，也就是放在一个比较明显的位置。

第三天以及之后的几天，我们重复前面的步骤，直到兔子能够被放到桌子上，甚至后来可以放到彼得的膝盖上。彼得对兔子的反应，从容忍变成了主动，他不再像很久之前那样害怕兔子，而是可以一边吃饭，一边跟兔子玩。这一现象证明，他的内脏和手都重新得到了训练。

彼得之前一直很害怕兔子，甚至可以说相当严重，我们在消除了他对兔子的恐惧反应后，很想看看如果其他毛绒动物和物体出现在他面前，他会做出什么样的反应。结果，再看到棉花、毛皮大衣、羽毛时，彼得已经一点儿都不害怕了。他用手去触摸它们，之后就转移了视线，甚至把地上一块毛茸茸的地毯捡起来给实验员。

尽管小白鼠还没有让彼得表现出积极的反应，但也有了不小的进步，至少他可以忍受了。他会把装有小白鼠、青蛙的箱子拎起来，拿着它在房间里来回地走动。这个实验之后，我们又把他放在一个新的动物的情境中进行实验。实验者拿来一只彼得从未见过的老鼠，和一些纠缠在一起的蚯蚓。彼得最初看到这两样东西时，表现不太积极，但过了一会儿，他就对蚯蚓转变了态度，不再因为老鼠的存在而受影响。

彼得的恐惧反应是在家里产生的，我们的研究对象也是针对这样的情况。我们根本不知道对孩子们最初产生条件反射的情境，如果我们事先了解这些信息，知道使他形成最初的恐惧性条件反射的东西，那么所有这些“迁移的”反应都可以很快消失。

如果我们想在这个领域继续研究，就必须拥有更丰富的经验，建立最初的恐惧反应，且能够关注迁移。我们认为，在初级的条件反应、次级的条件反应以及不同的迁移反应之间，很有可能存在一定的差异。如果真如我们预想得那样，我们就可以得出这样的结论：通过像彼得这样的儿童所呈现出的广泛而不同的情况来看，我们随便选择一个儿童，都可以对他进行条件化。

无论如何，我们对于恐惧反应的实验，都已经证实了一点：我们能够通过一种方法消除恐惧反应。假如真像我们期望和已经看到的那样，可以用一种方法消除恐惧反应，那么我想是不是也可以用这样的方式来消除和生气、爱等息息相关的情感组织的其他反应？我相信，这不是问题。

我必须承认，这个实验还有很多不足之处。由于种种原因，我们的实验报告还不够完善，这确实有点遗憾，且无条件反射的研究也缺乏进一步的发展。所以，想得到更好的结果，还需要在各方面条件允许的情况下，进行更加细致的研究。

02. 引发孩子发笑的情境

琼斯夫人记录了会让孩子们微笑和大笑的情境，且记录方式是相同的。她把引起孩子发笑的常规原因，按照下列顺序进行了排列：

· 被逗乐。如挠痒、游戏式穿衣，会让孩子们发笑。

· 奔跑、追逐，和其他孩子一起玩。

· 玩玩具。尤其是只有一个皮球时，会让孩子发笑。

· 和其他孩子打闹时，会发笑。

· 看着其他孩子玩耍时，会发笑。

· 做一些尝试并获得成功，如玩玩具时让一些装置开始活动。

· 使钢琴发出叮当的响声；将口琴吹出声响；唱歌；敲打器物等。

我罗列了一下能够引起发笑的情境，共有85种。在这些情境中，最常见的是跟其他孩子嬉戏打闹、挠痒、游戏式穿衣、逗乐和轻柔地洗澡。我想说的是，如果人们此时想要讨论，这些发笑反应是在什么程度上形成条件反射或无条件反射的，几乎是不可能的。

为什么这样说呢？因为有一个事实我们必须正视：依据孩子们内部的机体状态，以及控制情境的方式来看，相同的刺激可能会引发不同的反应。这就是说，同样的刺激有时会让孩子们发笑，但有时也会让孩子们大哭。比如，通常孩子们在浴室洗澡或洗脸时，我们更多的可能是听到他们的哭声，但有时也会听到他们的笑声。同样，也存在这样的情况，当孩子的情绪有些消极，给他一把口琴，房间里的氛围立刻就会变得活跃。还有一种情况，当孩子正在做他必须做的事情时，大人总是想办法逗他们开心，导致很多孩子被宠坏，而这通常也会成为他们痛苦的源头。我曾经见到过一个孩子，就是被大人用那样的方式宠坏的。新来的保姆被安排给孩子穿衣、洗澡、喂饭，或是将孩子放在床上，当她这样照顾孩子时，孩子还想让她哄自己开心，可保姆没有那么做，结果，这个孩子就开始哭泣。

我必须承认，我们的实验结果还有待完善，但我认为它已经能够深入地说明这个问题：家庭中引起孩子啼哭的大量情境是可以被替换的，它们也能反过来让孩子大笑，这没那么难度。从有机体新陈代谢的一般状况来看，有节制的取代未尝不可。另外，通过连续观察我们还发现，如果充分了解儿童环境中存在的难以解决的问题，我们就能为孩子重新创建环境，阻止那些对儿童结构发展不利的因素。

03. 科学地植入消极反应

现代流行的教育法提醒人们，不要把消极反应强加在儿童身上。我并不认同这一观点，反倒觉得应当把某些消极反应科学地植入，这样才能更好地保护有机体。不然的话，很难找到更好的途径。

不过，我要说明一点，条件性恐惧反应和消极反应不是一回事，要划清它们的界限。根据原始的，也就是无条件的恐惧刺激形成的消极反应，由于涉及内脏的许多变化，有可能会对正常的代谢产生破坏作用。条件性的愤怒反应，从性质上来讲不一定都是消极的，但我们依然会感受到它的破坏作用。有许多简单的事实都能证明这一点，恐惧和愤怒反应会导致食物滞留在胃里并发酵，使得大量细菌繁殖，把不利于有机体的物质散发出去。也就是说，恐惧和愤怒反应对有机体的消化和吸收存在干扰。所以我们认为，恐惧和愤怒对人的身体是有害的。当然，如果一个种族在失去支持和面对噪音时不作出消极反应，或是在有人限制他们的活动时不反抗，那么这个种族很有可能就活不下去了。

爱的行为与上述的两种反应截然不同，我们观察的结果显示，它可以促进有机体的新陈代谢。在爱的行为中，有机体的消化和吸收明显加快。我们访问过一些夫妻，发现了一个事实：在夫妻生活之后，胃部会觉得很空，或是开始收缩。所以，性爱之后，通常会有更强烈的进食欲望。

我们继续讨论消极反应的问题。在我看来，消极反应的建立几乎不会牵涉到内脏，它只是通过外在的刺激行为引起手、腿、身体等的退缩。在此我可以给大家举个例子，更清晰地解释这个问题。我曾用两种方法，让孩子们建立起了对一条蛇的消极行为。一种方法是：我一边发出恐怖的声音，一边向孩子们展示蛇，结果孩子们都被吓倒在地，并大声哭叫。之后，只要一看到蛇，孩子们就很害怕。另一种方法是：我让孩子们反复看蛇，每当有孩子想伸手去碰蛇的时候，我就用铅笔轻轻地拍他的手指。在没有惊吓的条件下，慢慢地建立起消极反应。出于多方面的考虑，我做实验时并没有用真蛇，只是用了一支蜡烛。孩子们可以通过严重烧伤来建立条件反射，也可以通过多次利用蜡烛的火焰来建立条件反射，即孩子们每次向火焰处伸出手指，直至手指发热才缩回手。这样，在没有严重恐惧的情况下，消极的条件反射就建立起来了，只是需要多花点时间。

我能否据此得出这样的结论：我们今天的文明，是不是源于那些人为的“不”和许多清规戒律？人们为了适应这样的环境，必须遵守这些戒律，比如儿童不能在马路上玩，成人不能冒着感染性病的危险去生一个私生子等，是社会规定了人们不能做这样那样的事。我的意思不是说，社会要求的一切消极反应在道德标准上都是对的，我所说的“道德标准”，指的是如今没有的新的实验伦理学。我不知道人们今天坚持遵从的许多戒律是否有益于机体，但不可否认的是，社会上的确存在这些戒律。倘若我们所遵守的社会习俗要求我们必须退回某物时，我们就得退回去，不然的话，我们的手就会受到严惩。当然，这个世界上有许多人的手很固执，把那些戒律抛诸脑后，做了违禁的事，但不久就受到了惩罚。现在，这样的人越来越多，这也表明了社会尝试与错误实验不是不可能的。我们都知道，现在有很多妇女都在吸烟，无论是在家里、餐馆还是旅店，人们已经能够容忍妇女吸烟这件事了，这就是一个典型的例子。如果我们的社会借助它的代理者，如政治制度、家庭、教会等，对每项活动都进行限制的话，那么，人们就不会对新的社会反应进行学习和试验。在这两年里，妇女地位的明显变化是有目共睹的，婚姻对妇女已经越来越没有约束力；越来越多受过教育的人，在一步步摆脱教会的控制，所以教会的控制力也下降了不少。当然，控制力下降太快必然会带来危险，而没有经过充分实验就接受了新的方法，也会使行为的新形式流于表面。

04. 建立消极反应与体罚

儿童在家庭和学校中，遭受体罚是司空见惯的事，人们经常会听到或参与讨论这一话题。我认为，我们的实验应该算是解决了体罚的问题，而且我还觉得，体罚这个词语就不该出现在我们的语言中。

对肉体的惩罚，很久以前就已经存在了。现代社会中，之所以还会存留对罪犯和犯错的儿童进行惩罚的观点，主要是受教堂中古老的受虐狂实践的影响。我们必须不承认，圣经意义上的惩罚从来都没有消失过，也就是“以牙还牙”的观点。

对儿童进行惩罚的行为，我是坚决反对的，这绝非是一种好办法。无论是老师、法官还是父母，他们总觉得，唯有建立符合团体行为的个人行为才是正确的，也是孩子必须要有兴趣的。大家都知道，行为心理学家是严格的决定论者，他们的思想是，不管是孩子还是成人，都必须做自己职责以内的事。要让一个人做出不同的行为，唯一的方法就是先让他缺乏教养， 再让他变得有教养。我们知道，许多儿童和成人的行为，并不符合家庭与团体建立的行为准则，甚至是反其道而行的。导致这种情况的原因在于，他们在成长的过程中，家庭和团体没有对他们进行充分的训练。人的成长是一辈子的，而社会训练也应当一直坚持下去。由此，我们可以说，如果一个正常人的行为背离了社会行为准则，家庭、老师和团体中每个成员都有不可推卸的责任。

我们把话题拉回到体罚上来，在我看来，这一行为不可饶恕。

首先，我认为父母之所以体罚孩子，是因为孩子的行为偏离了社会常规。也就是说，先有孩子的行为，后有父母的体罚，通过这种不科学的过程，条件反射是无法建立的。有些父母认为，孩子白天犯了错，晚上就要狠狠地打他一通，让孩子长记性，今后不再犯。这种想法实在令人匪夷所思，甚至是很愚蠢可笑的。我们一些法律的惩罚方式也同样荒谬，比如为了让犯罪行为不再发生，允许人们在一年中犯罪，然后到一年或两年后再对其进行惩罚。

其次，父母和老板对孩子进行体罚，多半都是为了发泄情绪。

最后，当孩子的行为偏离社会的常规后，父母以殴打的方式体罚孩子，希望用这样的方式让孩子长教训。然而，体罚的力度难以掌握，太过柔和难以达到条件化的消极反应的刺激程度，太过强烈会对孩子的内脏系统造成严重的影响；另外，为了建立一种消极反应所需的科学条件，并不是对每一次偏离社会常规的行为，孩子都要受处罚；或者，经常体罚孩子，让体罚丧失效用，孩子习惯成自然，当个体面对不愉快的刺激时，会形成积极反应中的一种病态反应——也就是“受虐狂”的心理状态。

既如此，消极反应又该如何建立起来呢？大家可能跟我一样，会相信这样的事实：如果家长发现孩子正在吮吸手指、拧煤气开关，或正在打开水龙头的开关，一定会走上前去，用十分客观的方式打孩子的手指，就像行为心理学家对任何特定的物体，建立一种消极的或退缩的反应时，所实施的电击一样。我们的社会，包括不同的群体和父母，很少体罚大一点的孩子，更多的时候是口头警告。我也知道有必要对孩子说“不”，但我还是希望将来有一天，我们能创建另外的一种环境，减少孩子和成人必须建立的消极反应。

有一个不太好的情况，就是在建立消极反应的系统中，家长也卷入其中，导致消极反应系统成为惩罚制度的一部分。许多孩子在长大后憎恨自己的父母，尤其是父亲，就是因为在小时候经常被父亲体罚。所以，我希望将来有机会能够进行这样一项实验：在桌子上安上电线，当孩子伸手拿玻璃杯或玻璃花瓶时，会因触电而缩手，从而远离那些易碎的东西，这样就不会因为毁坏东西而遭受大人的惩罚。孩子拿自己的玩具是不会被惩罚的，也不会遭受电击。我想说的是，希望能够找到一种方式，让物体和生活情境建立起自己的消极反应。

05. 内在的消极反应与生命的存留

我想跟大家探讨一个问题：当一个人身陷逆境时，比如一直处于饥寒交迫的状态、被遗弃、被虐待、被误解，或是其他原因造成的悲伤和痛苦中，为什么还要继续活着？社会学是无法回答这个问题的，而用积极反应的理论也难以给出合理的解释，无论这些积极反应是什么、有多少。我认为，人在那样的环境下依然选择活着，是因为无条件的和条件的消极反应，让人在正常的条件下，不可能采取积极向上的手段，来终结自己的生命。

我们可能会伪装自己，用一些喜欢的、伤感的语言对生活与爱情津津乐道，沉醉其中。然而，真实的情况是，大人从小就告诉我们，自杀是有罪的。我们从小就知道，要远离毒品和利器，这就说明，我们早已经对那些会伤害身体、危及生命的物体和情境建立起了消极反应。这些是从小就养成的恐惧反应，它不同于我们说的那些温和的消极反应。

以死亡为核心建立的条件反射有很多，当我们听到或看到“死亡”这个字眼时，曾经建立的消极反应很难会让我们对死亡产生任何一种积极反应。所以说，一个正常人无论在什么样的情境中，都不会选择自杀。只有在个体患病，因为各种原因，让机体丧失生存的斗志，他才有可能会选择自杀。

当然，也有特殊情况。这样的观点放在日本人身上就不太合适了。日本人很看重自己的荣誉，一旦丧失了荣誉，他们就可能会立刻自杀。虽然人们说自我保护是一种本能，但真正让人类产生自我保护意识的，并不是情绪、本能或其他的非习得反应。虽然人们从出生就开始产生了消极反应，但那种情况毕竟是少数，不会对保护个体起到太大的作用。其他的一切反应，都是通过社会建立起来的。不过，我们的生命之所以能得到保证，就是因为存在许多无条件反应，并形成了消极的条件反应的过程。也就是说，让人类遭受厄运时，是这些内在的消极反应，让人选择继续活着。

06. 面对“词语”的反应

至今为止，关于词语反应的著述有很多，在解释这一问题时，其根源来自这一假设：通常，在对待语言刺激时，我们能够用快速流畅的言语。就像我们做的这个游戏，规则是我说一个词语，你用另一个词语以最快的速度作出反应。比如我说“猫”，你可能随口会说“老鼠”；我说“父亲”，你立刻就说“母亲”。不过，假如我事先知道你上次去巴尔的摩旅行并被情人拒绝的事情，所以我就把“巴尔的摩”这个词填到了刺激词的表格中，当你看到这个词语时，你的反应也许就不会那么地迅速，你可能会作出以下几种反应：

· 什么也不说，不作出任何反应。

· 反应时间延长。

· 作出反应时声音很低小，或是声音很大。

· 快速作出反应。

· 反应的同时，还带有脸红、低头、大笑等其他反应。

我们不必过多地探究这种方法，因为它太复杂了，而且我也不想对它在精神分析中的用途进行探讨，我们已经尝试过将它运用于警察的工作中，主要是为了对情绪不稳定的嫌疑犯进行确定——当时，他正在对那些和罪行有关的词语作出反应。可以说，这种方法对于罪犯坦承自己的罪行是有帮助的。事实上，嫌疑犯很害怕这种方法，他认为这种测试可以证明他有罪。

这种方法并不适用于所有领域，人们也相信这一点。可在我看来，我们对那些词语的组织，培养了我们作出反应的习惯。这样说可能比较晦涩，我们不如打个比方：假如我是一个在工厂里上班的工人，工厂里有很多工具我都很熟悉，但有一把弯头凿子我之前没有用过，我可能需要琢磨一下它该怎么用。可是，无所谓，它们都是木制的工具，我很了解它们的使用方法。其实，词语和工具也是一样，如果在决定用哪些反应词时还需要考虑的话，只能说明你对刺激词使用的次数不多。

在心理学领域，人们会用这种方法做一些有意思的事。比如，我现在把6个人和我的一名助理送出房间，我的助理会随机给其中的一位一张卡片，让他到对面的图书馆向那里的一位姑娘求婚。之后，我们对这6个人进行测试，并在最短的时间里找出谁是那个求婚者。在此之前，助手会跟拿到卡片的人说，让他不要泄露自己的求婚行为。在这个测试中，我想我能够猜到剩下的5个人里，会有几个人声称见到过那张带有指示性的卡片，有几个人会说他们压根没有见过。

我真正想说的是，在刑事案件的侦破中，或是对精神病例的研究中，如果用不可靠的知识去推理和判断，肯定会失败。我们可能没有办法全面了解罪犯曾经的情绪和情境，所以很难形成一组关键的刺激词。为此，我认为这种方法在精神病学和犯罪学方面的实用价值，并不是很大。

关于情绪研究，也有其他的一些方法，但因为它们的技术性质和所得结果不太理想，我就不考虑了。我对人类情绪生活的许多方面都进行了大量的研究，在这里也向大家说明了我的观点，即人类的情绪生活建立在环境对人的刺激上。到今天，这个过程还充满着偶然性，人类的各种行为没有经过社会的审视就发展起来了。我们可能都会相信这个结果，那就是我们可以通过有序的方式来建立我们的情绪反应。只要社会找到建立的方式，便能让它们以特定的方式被建立起来。换而言之，就算不能了解其建立起来的全部过程，至少也可了解其中的一部分。

另外，我还认为，当我说我们正在开始了解它，且一旦建立起来我们将如何顺利地将其消除，你肯定也会认同。其实，大家都很关心这些方法会如何发展，我们中间有很多人都希望将我们身上孩子般的爱、愤怒和恐惧消除。这些方法能够让我们用自然科学的方法来处理情绪疾病，从而把那些令人怀疑的、正在消逝的、非科学的精神分析法替换掉。

我还要问一句，行为心理学家在提出自己的观点时，是否也要谨慎用词呢？虽然行为心理学家是通过很少的案例得出的结论，实验资料也很少，但这些可以在将来用其他方法来弥补。我想，现在的人们只要心智健全，就不会再用那些老套的内省方法了。

07. 行为与情绪的微妙关系

在过去的几年里，德国的贝努西、哈佛大学的马斯顿和伯特、伯克利警察学院的J. A. 拉森，进行了一项有意思的研究。他们细致地观察并记录了罪犯说谎时呈现出的特征，结果显示：当罪犯试图掩盖自己的罪行时，即说谎的时候，他们的血液循环和呼吸会变得不正常。毫无疑问，这项研究为法院工作者和警察提供了巨大的帮助。虽然这些学者不会在法庭上阐述他们的测试结果，并将其作为认定罪犯是否犯罪的证据，但至少为罪犯坦白认罪开辟了一条光明大道。

你可能也在医院里测量过血压，应该比较熟悉医生的操作。医生在为我们测量血压时，先在我们的手臂上围一条中空的带子，然后打气量血压。现在，不但有测量血压的仪器，还有测量心跳形式、心率变化，以及其他情况的仪器。伯克利警察学院的拉森，在近年的研究中就使用了在黑皮纸上记录血液循环变化的仪器。拉森在测谎研究中，还使用了呼吸描记器，它能真实记录实验者呼吸的变化情况。呼吸描记器能够呈现出被测试者的呼吸曲线，包括呼气和吸气的时间、振幅的变化，等等。

那么，通过这些仪器测量的数据，是否真的能断定撒谎者一定说谎了呢？ 为了得到更加精准的答案，我们进行了研究。在测试之前，我们先用仪器对被测试者进行了测量，获得一组正常的呼吸记录和血液循环记录。休息一会儿后，我们就开始询问他们，所问的问题都很乏味，要求被测试者给出简单的回答——“是”或“不是”。如果问题非常简单，而被测试者的“意识”比较清醒，他们的血压和呼吸曲线都会比较平稳，不会出现异常。如果是另一种情形，测试的结果又如何呢？

假如在上课前，我把一袋珠宝放在讲台上，课后，你们中间有6个人过来向我提问，等他们离开后，讲台上的珠宝袋也不翼而飞了。我让人叫回了刚刚那6 个人，询问他们珠宝袋的事情，他们都说不知道，说没碰过那个东西。在这种情况下，我提出用仪器记录这6个人的呼吸和血液循环状况。此时，有3个人希望尽快进行测试，为的是证明自己的清白。可另外的3个人却不同意。虽然他们的反应不太一样，但我们不能依据表面现象进行判断，认为要求检查的3个人一定是清白的，另外3个人中必然有拿走珠宝袋的人。为此，我决定用仪器来测量和记录这几个人的呼吸和血压。

这几个人被我带进了测试室，他们很惬意地坐着。准备就绪后，我没有立刻开始测试，而是先放了一会儿音乐才开始。起初，我没有直接进入主题，而是问了一些不相干的事情，偶尔会谈到和偷窃相关的事。比如，我会问这些问题：

- 你愿意接受测试吗？
- 你吸烟吗？
- 你喜欢看电影吗？

· 你喜欢演讲吗？

· 那个珠宝袋是你拿的吗？

· 你刚才有没有说谎？

· 你喜欢赌博吗？

· 你是否被警察抓捕过？

他们必须要回答我提出的每一个问题，且只能说“是”或“不是”。毋庸置疑，在这样的情形下，说谎的那个人血压会明显升高，呼吸曲线也会发生显著的变化。通常，在这样的情形下，血压方面的记录比呼吸方面的记录更令人满意。

拉森指出，加利福尼亚警方在侦办刑事案件中，用这一测试方法取得了明显的效用。他说：“目前，这种测试已被实际运用。在罪犯如实交代罪行之前，从清白的嫌疑犯的记录中重新筛选，很有可能从中找到犯罪记录。这种做法很有效，有90%的案件通过这一方法取得了突破，剩下的那一部分难以确定，主要是因为，嫌疑犯要么失踪了，要么不肯如实交代，或是另有原因。”当然，在人们接受这项研究成果之前，我们要做的工作还有很多。

第10章

言语与思维：行为心理学中的思维分析

即使言语过程没有出现，动作和内脏的组织在思维时也是工作的——它表明了，即使我们没有言语活动，我们仍在用某种方式继续着我们的思维过程。

——约翰·华生

不知大家有没有印象，之前我讲过一个事实：人类在出生时是非常脆弱的，没办法跟其他任何的哺乳动物相比。当时在讲到这一环节时，我用年幼的猴子作为案例。它们与人类的婴儿在同龄阶段，有着截然不同的表现。1 岁的猴子能够在树林里活蹦乱跳，能趁机把父母的食物拿走，而 1 岁的孩子还只能靠母乳或奶瓶获取食物。不过，人类通过获得的动作习惯，却能把任何动物快速甩在后面。人类没有为了超越灵猸和鹿的奔跑速度，就去学习快速跑，也没有去学习像大象和马那样具备强大的力量，但最终却把它们都驯服了。人类能够做到这一点，是因为学会了更重要的东西，那就是怎样创建和使用“动作的装置”。人类先学会了使用木棍，后学会了发射石头，而要把石头发射出去，就得先学会使用弹弓，用弹弓发射远比手投掷得更远。后来，人类把石头制成尖锐的石器，再后来，又制作和应用了弓箭，并用它击败和捕获那些非常敏捷的动物。接着，人类又学会了取火，用比石器更加锋利的青铜和铁制造出刀，而后又造出弯弓，直至火器。

以上描述告诉我们，人类的操作技术很高超，但具有动作灵巧性的不只有人类。大象在经过训练后，也能把卡车上的木材装卸下来；猴子经过训练后，也能熟练地操作门闩、拖拉细绳；大猩猩经过训练后，可以骑自行车穿梭于十几个瓶子排成的长形中，且不会把它们碰倒；另外，猩猩经过一段时间的学习，还可以从瓶子里喝水，能学会点烟，能把门打开或锁上等，还能做几百种其他事情。

01. 语言是一种动作习惯

我们先认识一下语言。语言本身是很复杂的，但无论多么复杂，它最初都是一种简单的行为。实际上，语言就是一种动作习惯。大家可能不太了解，但事实就是这样。

在亚当吞吃智慧果的那个时代，我们喉咙里有一个小型器官，被称之为“喉”或“音盒”，它有一个由软骨组成的管道，穿过这个管道，有结构十分单一的两片膜（膜状的声门）延伸着，声带就形成于它的边缘。当我们从胃里把空气排出时，通过和它相连的肌肉对它进行操作。对于它的构造，我们不妨这样想象，它就是我们嘴唇之间夹着的，让空气通过的芦笛。我们拉紧声带，让它的空隙宽度发生改变，肺部的空气通过这一空隙排出，声带就会发生震动，发出声音，我们将其称为“噪音”。

这一声响发出时，另外的几组肌肉也没有闲着，分别对咽喉的形状、舌头的位置、牙齿的位置和嘴唇的位置进行着改变。位于喉部上方的口腔和位于喉部下方的胸腔，不断地改变大小和形状，从而让音量、音色、音高产生不同的变化。婴儿在发出第一声啼哭时，这些器官就都开始活动了。当婴儿发出非习得的声音和“爸”“妈”时，这些器官又开始活动。我们在研究手和手指的运动时，有一个图景，你还记得吗？事实上，它与那个图景没什么区别。

02. 言语习惯的形成

婴儿在三个月左右时，就能够伸手抓东西。经过特殊训练后，到五个月左右，这种习惯会得到充分的发展。不过，婴儿的第一次发声习惯要晚一些才开始，且发展较慢。通过观察我们发现，有些孩子已经六个月大了，任何常规类型的言语习惯都还没有形成，而有的孩子在1岁大时，就已经有了很多的言语习惯。

那么，婴儿形成简单的言语习惯，到底是从什么时候开始的呢？

为了研究这个问题，我和妻子对B进行了实验，尝试在他身上形成简单的言语习惯。B还很小的时候，我们就已经开始处理他的嫉妒行为。B出生于1921年11月21日，当他五个月时，他已经显现出了这个年龄的婴儿必备的所有技能，如能够发出“咯咯”声，并发出“ahgoo”以及“a”和“ah”的变音。这个孩子2个月大时，开始用奶瓶喂养。考虑到这一点，我们从1922年1月12日开始，把这些音和奶瓶联系起来。

我们的实验步骤是这样的：先让B自己吮吸一会儿奶瓶，然后从他手里拿走奶瓶，但不收藏起来，而是拿在我们手上，就站在他面前。这时，B开始变得焦躁不安，身体开始移动，两只小脚不停地踢蹬，并伸手去抓奶瓶。我们对他大声发出“da”音，这种刺激大约持续了三个星期。当然，在对他进行这种刺激的过程中，我们会在他发出哀鸣或呜咽时，把奶瓶递给他。1922年6月5日那天，当我们拿着奶瓶站在他面前，并向他发出刺激音“da”时，他也发出了“dada”的词音。这时，我们立刻把奶瓶递给他。

大家可以看到，在这段时间的反复刺激下，B已经产生了变化，可以发出“dada”的声音。在那样的情境下，我们重复了三次这一过程，每次他都发出了刺激词的声音。为了进一步观察他的反应，我们又连续五次拿走他的奶瓶，但不给他刺激词。结果，B为了得到奶瓶，竟然主动说出了“dada”一词。他还在一次实验中，连续发出这个刺激词的声音。在之后的几个星期里，我们继续观察他，发现引发这种反应变得容易了很多，就跟引起其他任何的身体反射作用差不多。言语反应几乎只局限于这种刺激，我们在对B进行实验的过程中发现，在某些场景下，我们把玩具兔子拿给他时，他也说了“dada”，可是换了其他东西后，就没有发生这样的情况。

1922年6月23日那天，我们发现了一件有意思的事，且很令人兴奋。婴儿B发出了他之前从来没有学习过的其他种类的声音，如“boo- boo”和“bia-bia”及“goo-goo”。当他发出这样的声音时，他没办法继续发出“dada”的发音。他可以快速地发出一连串其他的声音，可期间却再没有发出“dada”的声音。可是到了第二天，他却很轻松地就发出了“dada”的声音。7月1日那天，他又带给我们一份巨大的惊喜，在没有给他任何刺激词的情况下，他嘴里的“dada”声突然变成了“dad-en”，但他并没有忘记“dada”这个音，偶尔还会发出这个声音。

B出现的现象引发了我们的思考：如果一开始我们就打破婴儿的哺乳习惯，观察他发出“dada”声音的言语场合，并立刻给他奶瓶，那么，他的这种习惯能否更早、更快地形成呢？我认为，这是极有可能的。对于我们在实验一开始做的，用奶瓶喂他时大声发出刺激词“dada”引起反应，效果是不是明显，是值得斟酌的。为了让大家更清晰地理解我的观点，我也可以换一种说法：我在怀疑，在婴儿的早期阶段，是不是能够模仿任何言语？虽然后来这种所谓的模仿也出现过，但大多数情况下，可能不是孩子在模仿我们，而是我们在模仿孩子。当这些声音形成了条件反射，我们就可以断定，对于整个语言活动来说，它是“模仿的”。为什么这样说呢？在社会交往中，一个人的口头语言，会刺激到另一个人引发相同的或不同的言语反应。

在第一百五十天的时候，我们结束了这一阶段的实验。当时，我们对婴儿B伸手抓物和与其习惯相应的一种有条件的发声反应，基本上算是建立起来了。可以说，到了第一百五十天时，这种反应的表现已经很好了。

03. 逐渐发展的语言

当条件反射的言辞反应建立起一部分后，短语和句子的习惯就开始形成了。不过，这对于单词的条件反射的建立并没有影响，也就是说，各种单词、短语和句子习惯会共同发展。

1923年8月13日，我们第一次在B身上发现了两个单词相连接的现象，那一天他1岁7个月零25天。事实上，在没有发现这一现象之前，也就是在B掌握了52个单词时，我们就想过他的单词条件反射的形式。在他1 岁7个月零25天的前一个月，我们为他设置了两个单词相连的言语形式，如“喂，妈妈”“喂，爸爸”等，可并没有达到我们预想的结果。

可是在8月13日那天，情况却发生了变化。他母亲要他跟爸爸说再见。母亲跟他说：“对爸爸说再见。”“再会da”，婴儿B跟着母亲说：“bye”，但他没有立刻说出“da”这个词，而是迟疑了5秒钟后，才发出“da”这个音。他的母亲很激动，爱抚并夸赞了他。后来，也就是那天，他就像之前那样，间隔5秒钟之后，发出了两个音“bye-bow bow”。又过了两天，也就是8月15日，我们让他说“喂，妈妈”“喂，露丝”“tata-妈妈”（tata是谢谢你的意思）。在之前所有的情境里，我们在唤起他的反应之前，都会给出两个单词的刺激。可那一天， 没有任何的预兆，我们也没有用两个单词对他进行刺激，B居然说出了“blea- mama”，得到了2个单词的反应。在8月24日那天，他指着父亲的鞋子说：“鞋—爸”，指着母亲说：“鞋—妈”，这是他在没有从父母那里得到任何刺激的情况下发出的声音，他居然就这样把两个单词联结起来了。在之后的4天里，他时不时地就发出以上两个单词，且还有一些从没有建立过的单词，如“tee-tee bow bow”（狗撒尿）“bebe go-go”（邻居小孩玩开车游戏时发出的声音）“mama toa”“hodo”“awrimama”，这些反应都是在未建立任何模式的情况下发生的。他回到自己的房间睡觉时，也经常会嘟哝这些词，还大声地、不间断地组合起这些单词。可以说，对这一实例的观测，对行为心理学家有着非同寻常的意义。

自那以后，婴儿B的两词阶段开始突飞猛进，他就像成人一样用句子与人沟通，但三词阶段出现得比较晚。在这些过程中，没有新情况出现。婴儿B在3岁时，已经能够灵活地运用语言了，且是在没有任何刺激的情况下。他1岁时只能说12个单词，跟同龄孩子的平均水平相当；他18个月大的时候，能说52个单词，比同龄孩子的一般水平要低。之所以会出现这样的情况，是因为保育员把他照顾得太好了。我认为，单词、词组和句子习惯的形成速度，是受多方面因素影响的。

04. 用单词替代物体和情境

纵观1个和2个单词习惯的形成案例，我们会发现，这个过程和简单的条件反射的建立很相似，比如个体在受到听觉和视觉的刺激时，会把手缩回。

下面是刺激—反应的公式。

S——————————————————R

某种内部器官的刺激　　　　　　　　　爸爸

当条件一般化时

寻找奶瓶

在无条件和非习得的刺激下，咽喉、口唇、胸腔等的肌肉和腺体组织会产生某种变化。当然，这些部位的变化，也会逐一被来自胃部或外在环境的刺激所引发。我们发出“爸爸”这个音时，是非习得的反应。这就是说，我们一开始建立的反应和我们的手工行为一样，是非习得的和无条件的反应。由于我们不太了解非习得声音的反应的基本刺激，所以有点懈怠于早期阶段的单词条件反射。其实，比引起婴儿的非习得反应的刺激，我们对引起动物的非习得反应的刺激了解得更多。比如，我们知道摩擦青蛙身体的哪一个部位会让它发出叫声，我们也知道如何让一只狗狂吠、让一只猴子乱叫。可是，想要让婴儿开口发出“dada”“glud”“boo-boo”“aw”的音，就找不到头绪了。所以，我们必须要做各种尝试，如果一开始就知道怎么做，我们就能够快速地用单词、词组和句子去建立那种反应。对于婴儿来说，我们能注意到的也只是最接近某个常规性的单词的声音，然后尽可能让它关联到成人中激发那个单词的物体，也就是让它代替那个物体。

事实上，我们要告诉大家的是，在那个阶段，我们所做的一切努力，只是尽可能地将他带入他所在群体的语言环境中。前面我也提到过，由于我们不太了解引起婴儿的非习得反应的刺激，所以这件事并不太好做。有时，我们只能用音节刺激儿童，以引发他对音节的条件反射，进而获得一个完整的单词。好在这种做法还是颇有成效的，由此我认为，在一个长单词中，很可能有着多个各自独立的条件反射。所以，习得一个单词和我们曾经讲过的迷宫学习的情况差不多。即便如此，我还是相信，在婴儿发出的非习得的声音中，应该有各种反应的单位，当条件反射把它们连接起来时，就变成了我们字典中的词。至于那些杰出的演说家，他们在演讲中发出的震撼人心的声音，不过是他非习得的婴儿声音， 是其成长中每一阶段耐心的条件反射的相互联系。

言语习惯一开始形成的速度非常慢，不同于第二级之后成序的条件反射，它们显现出来的形成速度是很快的。对一个3岁的孩子来说，“妈妈”这个单词，是这样被激发的：

· 妈妈出现在眼前
· 妈妈的照片出现在眼前
· 妈妈的声音传入耳畔
· 妈妈的脚步声传入耳畔
· 印刷体的英语单词“妈妈”出现眼前
· 手写体的英语单词“妈妈”出现在眼前
· 印刷体的法国单词“mere”出现在眼前
· 手写体的法国单词“mere”出现在眼前
· 妈妈的衣服、鞋帽等视觉刺激

这些替代刺激一旦被建立起来，孩子对“妈妈”的反应就不再像之前那么简单了，而是会变得很复杂。这时，他可以用多种方式说“妈妈”，可以用平时说话的语气，也可以用很大的声音叫，还可以轻柔地表达，或是聒噪地喊叫……种种现象的出现，都充分说明孩子对“妈妈”的反应是由很多肌肉活动组成的。

换而言之，我们在抚养孩子时，采用的是自己的言语习惯，他们就会在言语上形成条件反射。从一个孩子说话的语调，我们就可以判断出他是来自南方还是北方，比如一个孩子说“水”的方式，可以让我们判断出他是芝加哥的小孩。显然，父母的语言我们会习得，他们的语言习惯我们也会习得。不同种族和地域之间的语言差异，不是咽喉结构有区别，也不是基本的非习得的婴儿期反应单位的类型和数目不一致。南北战争结束后，许多北方人迁往南方，他们的孩子在那里开始学习南方话，而不是学说新的英格兰英语。同样，一对法国夫妇生的孩子，如果被带到这个国家，让说英语的人来抚养，那么，这个孩子也会说一口流利的英语。

如果我们在晚年时学习一门外语，那真的很难不带任何方言地用它讲话。因为，反应的习惯类型让机体丧失了灵活性，也就是说，它们有让身体的实际结构产生定形的趋势。如果一个人总是郁郁寡欢，我们难免会把他描绘成面部表情忧郁、丧气、扫兴的样子。这里还有另外一个因素，青春期阶段，咽喉部开始发生变化，不再那么灵活，稳定下来的它很难发出新的声音。

孩子在不断成长的过程中，会对外部环境的每个物体和情境都建立起一个条件化的词语反应，这些是父母、老师和他所接触的社会上的其他人为他安排的。不过，对于自己内部环境的许多物体，如内脏本身的变化，他不需要去做出条件化的词语反应，这似乎有点不可思议，不过，也很容易解释。父母和其他人对它们没有任何的词语反应，内脏中发生的事情，大都是非言语化的，人类亦是如此。

05. 物体和言辞之间的同义反应

人们给外界环境中的每一种物体和情境都命名了，这一点至关重要。词语不但能激发其他的单词、词组和句子，在人类把它们合理地组织到一起时，它们还能够激发人类所有的操作行为。这种作用与言辞替代物体是一样的，就像迪安·威廉夫特每次饰演不想或不愿说话的人时，就会用一些物体作为道具，表达自己的心思和情感。他会挎着一只装满物品的包，想表达什么的时候，就从包里取出某一种物品，用它来替代自己要表达的意思，从而影响他人的行动。如果我们不了解物体和言辞之间具备“同义反应”的话，那真的很难想象会发生什么情况。可以设想一下：你家里雇用的保姆是罗马尼亚人，厨师是德国人，管家是法国人，而你只会说英语。这时，如果不具备“同义反应”的话，在某些情况下，你会特别无奈。由此，我们自然就会意识到，物体和言辞间的同义反应对我们的生活和工作有多么深刻的影响。

从理论上说，当人类对每个物体都有一种言辞替代时，就能在这种组织工具的帮助下，把周围的世界装进自己的脑海中。当他独自待在房间里，或是在黑暗中卧床休息时，他是可以操纵这个语言世界的。人类的许多方面的发展都源自这种操作能力，也就是对那些离我们比较远的物体进行操作的能力。

过去，人们认为记忆就像玩具匣子里的小人，藏在我们的心中，即便没有任何的刺激，也随时都准备跑出来。这样的观点显然是错的，是需要我们改正的。在我们的咽喉等肌肉和腺体组织里，我们把周围的世界当成实际的身体组织一样携带着。无论何时，只要组织受到适当的刺激，就会随时发生作用。那么这种适当的刺激，到底是什么呢？

06. 词语和动觉刺激

言辞习惯的建立，与手的操作习惯的建立如出一辙。一旦一系列的反应，如手的操作习惯，围绕着一系列物体组织起来，那么，即使在一系列原始的物体尚未出现的情况下，我们也可以进行整个系列的反应。对此，我想举个例子来解释，可能会更加清晰些。

许多人初次在钢琴上学习弹奏乐谱时，都是用一根手指，一个音一个音地弹奏。如果你就是这个初学者，你正在学习弹奏《杨基歌》，当你弹奏它的曲调时，你肯定会这样做：先看一眼乐谱，看到音符G，就弹奏一下；看到音符A，又按下相应的键；看到音符B，又去按下B键弹奏它。那些呈现在眼前的音符就是一连串的视觉刺激，它激发了你的反应，而这些反应是按照这一连串的视觉刺激组织起来的。尽管如此，在练习了一段时间后，就算没有乐谱，你依然可以准确地弹奏， 甚至在晚上看不清琴键的情况下，你还可以自如地弹奏这首曲子，且弹奏得一点也不亚于白天。出现这种情况的原因是，你知道自己做出的首个肌肉反应，也就是开始弹奏乐曲时，你按下的第一个键替代了第一个音符的视觉刺激。所以，即便在黑夜里，你也可以准确无误地弹奏曲子。

在言语行为方面，也会出现同样的情况。假如你在看小人书，读到“现在—我—躺下—睡觉”时，之后就作出相应的反应，即看到“现在”就作出“现在”的反应（反应1）；看到“我”时，就作出“我” 的反应（反应2），延续整个系列。不久以后，当有人说出“现在”这个词语之后，它就成为说“我”“躺下”等的运动（动觉） 刺激。这就是为什么我们能够脱离刺激世界，顺畅地说出我们听到和看到以及过去发生的事情。来自旁观者的言语活动和朋友的提问，甚至我们自己所经历的一切刺激，对这一旧的言语组织都有触发作用，可有人却把它称为“记忆”。

07. 行为心理学对记忆的解释

绝大多数人所表现出的记忆，大概就如下面的这种情形：

一个人突然造访自己多年未见的老朋友，他看到这位朋友后，连声高呼：“天哪，我是不是在做梦？这不是西雅图的爱迪生·史密斯吗？我们有多长时间没见了？上一次见面还是在芝加哥的世界博览会上，自那以后我们就再没有见过。温德麦尔的旅馆，你还有印象吗？我们以前经常去那里聚会。博览会中的娱乐场，你还记得吗？记不记得……”

心理学对这一过程的解释，就是这么简单。在批评行为心理学的一些言辞中，有人曾经提到，说行为心理学不能充分地说明记忆。那么，事实是否如此呢？我们不妨来看看。

一开始，这个人认出史密斯先生时，他不仅看到了他的人，也熟悉他的名字。可能在一周或两周后，他再次看到了史密斯，还听到了别人介绍他。又一次，他见到了史密斯先生，并听到了他的名字。过了一段时间，他们成了朋友，几乎天天都见面，彼此非常熟悉。这就是说，他们相互之间对相同或相似的情境，已经形成了言语和操作的习惯。

我们也可以这样理解，这个人在跟史密斯交往的过程中，在充分组织过后，用许多习惯方式对其作出反应。这样，最后就只剩下见到史密斯先生了。哪怕几个月不见面，只要见到，还是可以唤起他原有的言语习惯。此外，其中还夹杂着许多其他类型的身体和内脏的反应。现在，见到了史密斯，他非常激动，直接跑到史密斯面前，显现出“记忆”的各种迹象。但是，他可能在看到史密斯时，发现自己不知道他叫什么。这时，他会找一些理由来掩饰尴尬："看着你觉得很面熟，可一时间又叫不上名字来。"在这样的情境下，原来的操作和内脏组织还在，如握手、拍肩等，但有一部分言语组织却丢失了，而言语刺激（说出名字）的明显重复，会再次建立原有的习惯。

还有另外一种情况，可能史密斯先生一直待在其他地方，或者两个人原本就不是很熟悉，（练习时期）交情很浅。所以，多年之后再见时，操作和言语上的组织已经消失了。在他的术语系列中，已经把史密斯先生彻底"忘记"。

其实，我们每天遇到的人、读过的书，以及遭遇过的事情， 都以这样的方式组织着。这种组织有时是偶然的、短暂的，有时是他人教导的，如乘法口诀、历史事件等。在学习的过程中，组织的侧重点不一样，或重于操作，或重于言语或内脏。但通常情况下，它包括三种组织在内。只要刺激没有间隔太长时间，就会不断地复习和巩固这个组织，如果刺激长时间没有出现，即没有练习的时期，这个组织就会部分消失或完全消失。等到刺激再一次出现时，关联到原有的操作习惯的反应，就会跟名字、微笑、笑声同时出现。这是一个完整的反应，也就是说，"记忆"并没有缺失。不过，这其中很有可能会出现的情况是，这个整体组织的任何一部分会集体消失，或消失一部分。行为心理学家认为，所谓的一种热情的感受和仅仅围绕真实记忆的亲密行为，是指一种内组织的保持，与喉的组织和操作的组织得以保持没什么两样。

故而，我们所理解的"记忆"是这样的：当我们重新遇到某个消失了的刺激时，我们做了过去习惯性的事情，当然也只做了这些。比如，把过去说过的话再说一遍，把过去的内脏—情绪—行为又表现了一遍。即，当我们第一次遇到这样的刺激时，我们是怎么做的，现在我们还是这样做。

需要进一步说明的是，人们在学习一系列单词和无意义音节时，一开始会消退得很快，但之后消退的速度就会变慢。

08. 行为心理学对思维的解释

你可能会认同我在前面讲述的内容，但未必能够理解我所做的一切：这个人花费这么多时间去研究每个人都心知肚明的事情，到底是为了什么？ 现在，我来跟大家解释一下，我这样做的目的是想为你们提供一个背景，不再误会思维的本质。

不管你们之前如何理解思维，也不管你们现在是否还想去看看这方面的书籍，并试图去了解它，但我相信你们终究都选择放弃，就跟我一样。那么，思维到底是什么呢？可能有人曾经告诉你，思维是没办法碰触到的、独特的、非肉体的东西，它存在的时间很短暂，是一种特殊的心理现象。在行为心理学家看来，人们很喜欢把神秘的东西跟看不到的东西联系起来。

然而，随着科学的不断发展，许多过去无法观察到的现象，现在都可以被观察到。所以，民间传说中的许多事情都是虚无的。所以，行为心理学家对思维提出了一个自然科学的理论：它属于生物过程的一部分。

在行为心理学家看来：心理学家所谓的思维，其实是自我沟通。虽然这一观点的证据有许多假设的部分，可它是一个根据自然科学来解释思维的前沿理论。我在这里希望证实的是：在发展这种观点的过程中，我从不认为是喉的运动在思维中发挥着关键性的作用。为了表达自己的观点，我曾在过去的描述中用类似的方法阐释过。

其实，我们有很多证据都表明，切除喉之后，个体的思维能力不会受到任何影响。喉可以让发音不那么清晰，但不会破坏低语，因为低语靠的是脸颊、舌头、咽喉和胸部的肌肉组织反应。说得更准确一些，低语是在使用喉的过程中建立起来的组织，当喉被切除后，这些组织反应产生作用不会受到什么影响。

还有一个观点说，思维是由组成喉的大量软骨负责的。我不太认同这种说法。这就跟我们说构成肘关节的骨头和软骨组成了打乒乓球所需的主要器官一样。我认为，在外显的言语中，习得的肌肉习惯负责内隐的或内部的言语（思维），这种肌肉组合有几百个，个体是因为它们的存在，才可以发声或是对自己说出任何一个单词。由此可见，语言组织的丰富性和灵活性，也可以证明我们外显的言语习惯的变幻莫测。

我们都知道，一个优秀的模仿者能用多种不同的方式表达一个词组。比如，他们能用男高音的形式，也可以用男低音的形式，可以用女中音、女高音的形式，也能像一个无法把英语说得通顺的法国人那样，还可以像一个孩子那样。可以说，我们在表达一个单词的过程中，会形成数不清的习惯。不夸张地说，这个数目是无法计算的。个体从婴儿时期开始使用语言，跟他用双手表达情形的作用相比，前者的作用要强上千倍。在这种情况下产生的复杂组织，即便是心理学家， 也无法很好地把握。当个体外显的言语习惯形成后，他们开始不断地进行自我沟通（思维），这时就会出现耸肩或身体的任何其他部位的运动，即出现了新的组合、新的复杂性、新的替代，像耸肩这类的运动，就代表着要取代一个单词。不久后，身体上的任何一种反应，都可能会取代一个单词。

还有一些其他的观点，也推动了我们理论的发展。比如，有的理论指出，大脑的发声中枢是很脆弱的，这就使得在思维过程中，没有神经冲动通过运动神经传递到肌肉，这样的话，肌肉和腺体里就没有反应发生。

09. 个体具有的思维是不出声地交谈

在行为心理学家看来，个体具有的思维是默不作声地沟通。这一观点不是凭空下的论断，而是有大量的证据作为基础，这些证据大都来自于对儿童行为的观察。

在前面的章节中，我们曾经指出：儿童一个人待着时，会自言自语。以一个3岁的孩子为例，他可能会通过自言自语的方式，说出一天想做的事。他会说出自己的心愿、希望、恐惧和烦恼，以及对保姆和父母的怨怼。过不了多久，社会会以父母和保姆的形式对他的行为进行阻挠， 他们会告诉孩子，一个人待着的时候“不要出声说话”，还会告诉他，爸爸妈妈从来不自说自话。在这样的情况下，外显的言语逐渐消失，最后变成低声细语。但是，一个熟练的唇语者，还是可以透过儿童的低声细语，了解他对世界和自己的想法。

当然，有些个体没有对社会作出这种妥协，自然也就不会受到影响，他们一个人待着时，还是会大声地自言自语。不过，大部分人在独处时都呈现出了不同的状态，几乎都停留在低声细语的阶段。但由于个体的行为总是被社会不时地干涉，当大部分人想要进入下一阶段时，总会有人这样要求他们——“不要对自己小声说话”“你不能默读吗”。所以，此后这个过程就只能变成无声的了。有了这一层阻碍， 你可能用最恶毒的名称、最僵硬的表情来称呼一个恶霸；你也可以告诉一个令人厌恶的女性，实际上她有多么可怕，然后又面带微笑地跟她说好话。

聋哑人通常都用手势与人沟通，而不是用语言。我曾经收集了大量的证据，这些证据都显示，他们确实是用手势代替言辞的，且在交谈和思维时使用的手势反应是一样的。博林学苑和曼彻斯特收容所负责人塞缪尔·格里德利·豪博士，曾把一种手语教授给一位名叫劳拉·布里奇曼的人，这个人又聋又哑又瞎，可他在学习了手语后，哪怕是在梦里，他也能用手语以最快的速度自言自语。

要找出大量的证据对这一观点进行证实并不容易。这些过程和呼吸、吞咽、血液循环等过程不一样，它很细微，而后者一直处于运动中。比较微弱的内部语言活动在它们的影响下，可能会变得很模糊。就目前来看，还没有出现可信度更高的观点，也就是与已知的生理学事实相一致的其他观点。

无论谁提出什么样的观点，要说服大家都得以事实为前提，因为大家都对事实感兴趣，行为心理学家也一样。如果所获得的事实证明我们目前的理论有失偏颇，那么行为心理学家愿意摒弃它。可是，假如这种情况出现了，那么要一并舍弃的还有和运动行为相关的整个心理学概念，即伴随感觉刺激而产生的运动行为。

10. 我们什么时候思考

我们什么时候思考？

在回答这个问题之前，我先问问大家：什么时候，你会用你的躯干和四肢来行动呢？你可能会告诉我："当我处于不协调的情境中，想要挣脱时，就会用躯干和四肢来行动。”前面我们讲过，当个体的胃强烈收缩时，个体就会朝冰箱走去，寻找吃的东西；在睡觉时，街灯透过窗户的缝隙照射到房间里，影响了个体的睡眠，个体就会从床上爬起来走向窗户，把一张纸贴在缝隙处，遮挡街灯的光线。

我还想问大家一个问题：什么时候，我们会用喉部的肌肉来进行外显的活动呢？即，我们何时沟通和低语？显然，是在需要沟通和低语的任何情境下，即我们所处的那种情境，除了声音之外，再没什么方式能帮我们摆脱那种情境，就必须进行沟通和低语。比如，此刻我给大家讲课，需要通过言语这种方式，要不然50美元的讲课费我是拿不到的。如果我落水了，不大声呼救的话，就不会引人来帮我摆脱险境。当有人向我提问时，我必须要回答他，这是文明和教养对我提出的要求。

我所说的这些，都很容易理解。现在，让我们回到一开始的话题：我们什么时候思考？我希望大家牢记一点：我们所具有的思维是不出声地沟通。处在一个不合适的情境中时，为了摆脱这一场景，我们就会默不作声地运用我们的言语组织，这就是我们的思考。在我们的生活中，这种现象随处可见。接下来我给大家讲一个真实的案例。

一天，R的雇主对他说：“如果你结婚的话，你也许会更稳定地待在这个团队中。你怎么想？我希望在离开这间屋子前，你会告诉我答案。两个选择，要么你结婚，要么我解雇你。”

听到雇主的这番话，R不能出声地自言自语。其实，他很想告诉雇主自己在私生活方面的许多问题，可他不能那么做，如果他做了，就可能被解雇。很明显，在这样的情境下，运动行为是无法帮他摆脱困境的。R只能想其他办法，想好之后，他才能告诉雇主自己的想法——结婚或不结婚，也就是作出一系列无声反应中最后的外显反应。

在这个例子中，R面临的问题比较严重，事实上，不是所有被无声语言反应碰到的情境都这么复杂。比如，我们经常会遇到这样的情况，如有人问你："下周四一起吃午饭好不好？""你能借给我1000美元吗？"等。

11. 思维的形式与思维的情境

以我们的思维理论为依据，我想跟大家谈几个界定和主张。

当你听到我说"思维包含了所有无声进行的言语行为"这句话时，你可能会产生质疑："你刚才还说，许多人都是出声思考的，甚至还有许多人一直停留在低语阶段。"对于这种疑惑，我的解释是：从思维的定义而言，它根本不是准确意义上的思维。对于这种情况，我们只能说，他在发出声音，把他的言语问题表达出来，或是低声对自己说着什么。我这样说的意思，不是说出声地自言自语或低语的过程和思维的过程不同，大部分人都是按照思维的严格定义来思考的。鉴于此，我就我们所知道的有关思维的所有事实，跟大家做一个说明。这些事实都是通过客观观察得出的最后结果——个体最后外显地说出的话，或是在思维的过程结束后所进行的运动行为。对于那些不同的思维，我们应该假定有多少种呢？对于所有的思维形式，我想都可归纳在下列的内容中。

1.言语的沉默应用已成为一种固有的。假设我问你："what is the last word in the little prayer 'Now I lay me down to sleep'？"如果你是第一次听到这个问题，只是自己试着回答一下，随后就能说出"take"这个单词。那么，你对原有的思维习惯进行环顾，其实就跟一个资深的音乐家浏览一段熟悉的乐谱，或是一个把乘法口诀背得滚瓜烂熟并出声说出它的孩子一样，“你只是在内隐地练习你已经掌握的一种言语功能”。

2.在组织得很好的内隐言语过程被情境或刺激激发的地方——当然，我不是说已经非常好了，可以直接产生作用，而不需要学习或重新学习，就可以产生略微不同的思维。举个例子，很少有人能够立刻用心算出333×33的结果，但事实上大家都很熟悉心算。要计算出这道题的结果，不需要考虑新的过程和步骤，只要用若干低效的言语运动，就可以把结果算出来。也就是说，进行这种运算的组织并没有消失，只是反应稍迟而已。想要快速准确地把这个数值算出来，必须在运算之前进行练习。经过两周的练习，对于三位数与两位数相乘的问题，我们就能快速地给出正确答案。我们在这类思维中所具有的东西，类似于在许多运动行为中具有的东西。几乎每个人都会发牌和洗牌，假设我们在一个较长的时间段内学会了玩牌，且达到了精通的地步。现在我们有一个玩桥牌的机会，可在此之前，我们已经有一两年没有碰过牌了。这时的我们，在发牌和洗牌时，动作明显就没那么干脆利落。想再次达到精通的地步，就得重新练习几天。同理，在这类思维中， 我们正在用内隐的方式练习一种我们从来没有完全得到，或因获得时间较早而导致丢失了记忆中的某些东西的言语功能。

3.“建设性思维”或“计划”。这种思维，总是关系到每一个首次尝试具有相同数量的学习，即它是初次面对一种新情境所产生的思考。这里的情境是新的，可以是任何一种。在给大家列举有关新的思维情境的例子之前，先给大家举个新的操作场景的例子。

我用一个布条把你的眼睛蒙住，再给你一个机械玩具，这个玩具是由3个连接在一起的环组成的，我要求你把这几个环分开。要解决这个问题，你只要尽可能地运用你之前所有的操作组织就行了，不需要动用太多的思维或“推理”，也用不着出声说话或低声自语。你可以用力去拉环，用各种方法翻转它们，也许环环相扣的连接点就会突然滑开。这种情景就跟一个人的初次尝试差不多，当个体第一次参与有规律的学习实验时，就会表现出这样的行为。

当我们处于新的思维情境中时，想挣脱那样的处境，就必须像上述例子中那样做。其实，我们经常会遇到这样的情况，比如，有一个朋友找你，说他正在创办一家新企业，希望你辞掉目前的工作，成为他的合伙人。他说，如果你这么做的话，会得到远大于现在的收益，最终自立门户。你这位朋友是个诚信的人，有担当和责任心，且有良好的金融背景，有能力说服别人听取他的建议。他把他的想法和建议告诉你之后，就去拜访其他对此项事业感兴趣的人了。临走之前， 他希望你好好考虑下，一小时后给他答复，告诉他你最终的决定。

你肯定会考虑朋友的这一建议。当朋友走后，你会在“去”和“不去”之间纠结，你可能会在屋子里走来走去、吸烟、拉扯自己的头发，甚至还会出汗。你在逐步完成这个过程，你的身体在这一小时之内都处于频繁活动的状态。不过，期间决定你步速的最主要的机制，是你的喉部机能。

我还要强调一点，在这类思维中有一个不容忽视的、有意思的现象：如果碰到这种新的思维情境，或是它被解决掉了，我们通常就不需要再用过去的方式去面对它了。换而言之，这种情况只在学习过程的第一次尝试中才会发生，我们的许多操作情境也与之相似。比如，我开车去华盛顿，这时我几乎不了解小汽车的内部情况。小车在行驶的途中发生了故障，我下车修理了半天才把它弄好。车子行驶了50英里后，再次发生了故障，我又遇到了同样的情境，这次我可能只花费30分钟就处理好了。

在现实中，我们经常会碰到这样的事，就是从一个情境转到另一个情境，但每个情境又都不太一样，总会有不一样的地方。如果用曲线表示我们摆脱这些情境的过程，肯定跟我们在实验室里勾勒学习不一样，但我们日常思维活动进行的方式却跟它如出一辙。所以说，在一般情况下，复杂的言语情境只能通过思维来解决。

刚刚我所描述的复杂思维是按照内部言语来进行的，为什么这样说呢？我们的结论都不是妄自推出来的，而是经过客观验证的。在实验中，我要求被试出声思维，他们照做了，并使用了语言。在这一过程中，也出现了一些辅助的身体运动。我发现，他们用言语来进行反应的行为，在心理学上类似于老鼠跑迷宫的行为。之前我们讲过这个过程，就是一只老鼠从迷宫的入口慢慢地走入，在畅通无阻的通道上，它跑得很快，一不留神跑进了死胡同。这时，它没有继续寻找食物，而是朝着起点走。大家记住这个过程，然后，问被试一个问题，让他告诉你某一个物体是干什么用的？前提条件是，这个物体对于被试来说，一定要是陌生的、新的、复杂的。你请他出声解决这个问题，说出每一个步骤。从中你可以看看，他是否处于一种纠结的状态，让自己进入每个可能的言语死胡同，迷失方向，然后再反回来，重新开始；或者他请求你把物体拿给他看，或请你把原本就打算告诉他的有关这个物体的所有事情再说一遍，直到他最后决定放弃它，就像老鼠把迷宫的难题放在一边，在迷宫里累得倒下睡着一样，或者是找到了解决之道。

也许，有人不同意我的观点，他们会说："老鼠'知道'自己在得到食物时，问题就解决了。可是，人什么时候能知道自己解决了问题呢？"其实，这个问题很简单。我们之前讲过用纸遮住街上灯光的例子，当人在缝隙处贴了一张纸后，光线被挡住了，他就没有再继续贴纸，因为"作为刺激而使他运动的光线消失了"。看，就是这么简单。

思维的情境也如是：在某个情境中，只要因素（言语的）存在，就会对个体产生刺激，促使其作出进一步的内部言语反应，因此这一过程就会继续。如果个体在这一过程中毫无作为，那就无法获得言语的结论。可如果问题被搁置了，就只好第二天再继续了。

12. 新的情境产生的过程

新的情境到底是如何产生的呢？

说到这个问题，我不禁想起：人们时常会问，怎样才能创作出一首优美的诗篇呢？我的回答是，通过对语言的灵活运用，再对其进行修改，直至一个新的模式产生，就实现了新的言语创作。

个体在思考时，不会两次都处于相同的情境中，这就使得言语模式也是一样的。那些出现的词语，是我们目前使用的词汇，其成分是之前的，说它“新”也只是因为设置和以往不同而已。为什么一个不擅长文学创作的人，几乎不可能创作出文学作品，却能够使用文学工作者所用的一切词汇呢？那是因为，他们不会精心推敲那些词汇，只是粗糙地使用它们。文学工作者就不一样了，那是他们的工作，不得不挖空心思琢磨，所以才能出色地使用词语。在各种情感和实际情境的影响下，他们能把词语很好地派上用场，记录自己的所思所想、所见所闻。词语在他们手里，就像打字键盘上的键，或是一组统计数字。为了说明这个问题，我再给大家举一个操作的例子。

你如何假定帕图要做一件新的套裙呢？你是否觉得，他有想象过做好之后的套裙，会跟他脑海中想象的一样？不，他没有，他根本没空去勾勒那幅图景，他只是描绘出了套裙的草图，或者让助手按照他事先想好的样子去做。当他开始创作性地工作时，即设计这件套裙之初，他有大量的关于套裙的组织。这一组织里的每种东西，对他来说都很熟悉，就像过去所做的每件事一样。创作时，他把在模特身上裹一块丝绸，再在模特身上上下左右地拉着，把放在腰部的丝绸收紧或放松，提高或降低，再让裙子或短或长。这样，那块丝绸就在他手里不停地变换出各种形状，直至最后呈现出女裙的样子。他在停止摆弄之前，他必须对这一新的创作作出反应。

创作就是这样，任何一件东西都不完全同于过去做过的东西。当他处于创作状态时，被完成的产品以各种方式激发他的情绪反应。在这个过程中，他可能会扯下丝绸，重新琢磨，也可能会觉得很满意。期间，助手和模特也可能会对其表示认同和赞赏。可是，如果在他对作品感到满意的时候，刚好碰到一个竞争心很强的时装商人也在场，帕图听到他这样的评价："确实很好，但我总觉得它有点像他三年前设计的那套裙装，他现在是不是变得有点迟钝了？过于守旧的话，就无法跟得上时尚潮流了！"我们可以想象得到，当帕图听到这样的话时，他可能会立刻把作品从模特的身上扯下来，扔到一边。这样的话，新的创作就又开始了，直至帕图创作出令自己和他人满意的新作品，这项创作才算完美。这个过程，就跟老鼠在迷宫里找到了食物差不多。

诗人和画家，在创作时用的也是同样的方法。诗人在读过济慈的作品后，或者是刚从月光下的花园里散步回来，突然想到美丽的女友曾强烈地暗示他，她从来没有听到他对她的赞美。回到房间后，他刚好无所事事，为了摆脱这种状态，他开始操作言语。于是，他拿起桌上的铅笔，言语活动就被激发了出来。于是，他创作出了那些浪漫的情话。当然，在那种情境里，他创作出的作品肯定是快乐的、深情的，而不会是哀悼的，或是诙谐的。对他来说，那是一种新的情境，当置身于那样的情境中时，他的言语创作的形式也会不同于过去。

第11章

婴儿行为心理：人类最本真的行为反应

一切复杂的行为，都是在简单反应的基础之上，受环境刺激的作用生发出来的。

——约翰·华生

一谈到心理学，人们大都有这样一个想法：行为主义和本能的存在是完全矛盾的。有人曾这样跟我说：“你不是行为主义的奠基人吗？如果你主张行为主义，那你肯定不承认本能，对吗？”我相信，许多人都有类似的想法，认为否定本能就构成了行为主义，行为主义的本质就是否定本能。

其实，他们根本不知道，本能的研究和行为主义的主张没有根本性的矛盾。假如本能真的存在，它也是指一种行为，而不是指和行为主义完全对立的意识层面。行为主义者认为，本能是一种非习惯行为，既是行为的话，就完全可以用客观的观察方法去观察，因此行为主义者承认本能的存在，但不会对它进行定义。同样，一个主张本能论的人，也有成为行为主义者的资格。

我之所以说这些，就是想告诉大家：行为主义不排斥研究本能。婴儿的本能是最明显的，因此，行为主义者会以婴儿的本真反应出发，来探究人类的行为和本能。

01. 研究婴儿行为心理的阻力

我们必须要对一个人的生活经历进行观察，才能够区别他的非习得资质和习得资质，这就意味着，一个孩子的幼儿期是我们观察的起点。过去二十多年里，我们收集了大量动物幼仔的实验数据（不包括人类幼儿），相比对人类自身的了解，我们对这些幼仔了解得更多。受到社会环境的限制，我们在研究婴幼儿的问题上遇到各种阻力。人们能够接受每天有成千上万的儿童吃不饱、穿不暖、住在脏乱的贫民窟、活在污秽的娱乐场所，却不能接受行为心理学家对婴儿进行实验。如果我们试图这样做，就会遭受来自多方的指责。

我们曾经观察过幼鼠、幼兔、幼猴和幼鸟等各类动物的成长，几乎每天都跟这些小动物们在一起，这让我们收获颇多，了解了很多动物的非习得资质和习得资质。实验结果显示，只靠观察根本不能区分一个复杂行为的习得资质和非习得资质。这些收获给我们日后研究幼儿奠定了基础，我们可以从中摸索出一套方法。但是，如果单纯地认为对这些动物的研究结果，能够运用到其他种类的动物身上，那就太荒谬了。有些动物生来皮毛厚重，行为反应也很复杂。一个豚鼠出生3天后，就可以脱离母亲而生存了；一个白鼠诞生时十分稚嫩，需要一个月后，才能离开母亲的照料。

这两者都是啮齿类动物，可出生资质却截然不同。这就说明，要想按照对低级动物的研究得出的实验结果去解释人类的行为，简直太不成熟了。

社会环境制约着我们对幼儿进行观察和研究。我们也相信， 在一个孩子身体健康时，对其进行临床研究，肯定会让孩子父母感到愤怒。我们所说的一切有关心理学方面的问题，在孩子的父母眼里没有任何价值，这就让我们的工作变得困难重重。不过，我们也不是没有争取过，在约翰·霍普金斯医院里，院长威特里奇·威廉斯博士慷慨大度，哈里特·蓝恩医院内科主任医师约翰·霍兰也很支持我们，这总算让我们获得了一次研究的机会。当然，这种研究方式会进行一定的“包装”，我们在观察婴儿的行为心理时，是围绕这个医院里出生的所有婴儿的日常护理工作展开的。

当然，在对婴儿进行研究之前，我们也需要进行一定的训练，包括生理学、动物心理学方面的知识培训，以及在育儿室内开展实际照料的训练，以便在口常中照料好婴儿的生活。

02. 妊娠期的胎儿运动

M.闵科夫斯基曾在苏黎世大学进行过对胎儿的观察，他描述说：一个胎儿在3周左右，就会出现心跳，大约2个月左右，头部、躯干和四肢部分就会有明显的活动迹象，这些活动通常幅度不大，是缓慢的、不对称的、不协调的。到了第5个月时，胎儿的胃腺开始发挥作用。

事实上，胎儿在子宫里处于什么位置，会影响到孩子出生后的行为，且在很长一段时间里，孩子为了适应宫内的成长空间，会把身躯合拢起来。此时，胎儿弓着背，头拼命前屈，下巴与胸部差不多贴到一起，大腿朝腹部收缩，弯曲着膝盖，双臂或交叉放在胸前，或平放在身体两侧。孩子会根据在子宫内的位置来调整自己的姿势，所以妊娠期免不了会有胎动，但这不会影响婴儿在宫内呈现出的习惯性姿势。

03. 婴儿的非习得反应

我们观察了一百名从出生到一个月的婴儿，也对部分婴儿进行了一年期的观察，最后得出有关非习得反应的一些情况，具体如下。

·打喷嚏

婴儿从出生开始，这种反应就以成熟的方式表现出来了。婴儿的喷嚏和成人的喷嚏呈现方式是一样的，且会伴随终生。我们将其列为非习得反应，因为习惯因素几乎不会影响到它的形成。我们从来没有尝试过建立有关打喷嚏的条件反射的实验，所以我们并不清楚，一个人是否可以通过嗅觉刺激之外的其他刺激来诱发这一反应。但是，在照料婴儿的过程中，我们发现，如果把婴儿从凉快的房间挪到炎热的房间，或是将室内的婴儿抱到室外时，他们都会打喷嚏。但这可能仅仅是因为婴儿嗅觉的敏感，毕竟在两种不同的环境下，空气的质量会有所不同。

·打嗝

刚出生的婴儿是不会打嗝的，直到现在，我们最早发现的打嗝现象，发生在一个出生6小时后的婴儿身上。婴儿出生7天后，我们就能很轻松地观察到他的打嗝现象了。生活常识告诉我们，打嗝是一种生理反应，是因为胃部充满食物压迫了横膈膜而产生的，几乎不会形成条件反射，它属于非习得的反应。

· 啼哭

啼哭的产生被呼吸作用的建立所约束。刚出生的婴儿有时不会呼吸，医生可能会把他们浸在冰水里，让孩子啼哭。啼哭只是针对婴儿所言，我们在日常的护理工作中发现，婴儿几乎只有在饥饿或是受到有害刺激的时候才会啼哭，如果被粗暴地触摸、接受包皮手术或是受到威胁时，他们也会啼哭。

关于一个婴儿的啼哭是否会引发同一屋内其他婴儿的啼哭，我们也尝试过用其他的方式来了解过，结果表明，不会。为了更好地掌控实验过程，把啼哭变成一种可随意调用的有声刺激，我们制作了一个婴儿啼哭的留声唱片。我们先把声源放在一个熟睡的婴儿耳边，结果，没有引发这名婴儿的啼哭。接着，我们又把声源放在一个醒着的、安静的婴儿耳边，婴儿也没有出现啼哭的现象。考虑到除了视觉、听觉、嗅觉、触觉、味觉上的有害刺激，其他现象都不足以引起孩子的啼哭，我们便得出下列结论：饥饿和有害刺激是引发啼哭反应的无条件刺激。

· 撒尿

婴儿一出生就有撒尿的行为。无条件的刺激是以有机体的内部为开端的，婴儿刚出生时，其撒尿行为都是因为膀胱中的尿液压力刺激导致的。事实上，要十分有耐心，才能对一个婴儿的撒尿行为建立起条件反射。等他们稍微大一些，也就是从其出生后的第三个月起，只要稍微费点力，就能让他们建立起条件反射。在这个阶段，我们可以定期检查婴儿的尿布，如果每隔半小时发现婴儿的尿布是干的，便可将婴儿放到尿壶上，以便建立他们的条件反射。重复几次的话，就可以形成条件反射。

·排便

排便的功能是与生俱来的，之所以会出现排便的反应，基本上是为了降低结肠里的压力。为了印证这一说法，我们可将一只医用体温表塞进肛门，结肠受到刺激后，基本上就会引起排便反应。

·早期眼球运动

我们让刚出生的婴儿平躺在婴儿床上，头部水平放好，他们的眼睛会不由自主地看向有光的地方。刚出生的婴儿不能自如地控制眼球运动，他们的双眼需要先适应左右运动，过一段时间，才能够出现协调的上下运动。待他们完全适应了全范围的运动时，我们再用照明灯朝着孩子的脸打转，他们的眼球就会随着灯光转圈。

·微笑

微笑一开始是在运动感觉和触觉的刺激下产生的，婴儿出生四天以后，通常就能看到微笑了。当我们把婴儿喂饱后，触碰其身体的某个部位，如生殖器或乳头，婴儿马上就会产生微笑的无条件反射。在婴儿的下巴下面或屁股上面挠痒，或慢慢地摇晃他，也很容易产生无条件反射。

当婴儿逐渐长大，这种无条件反射就会变成条件反射。大约在一个月大的婴儿身上，我们就能观察到。当实验者面带笑容地对婴儿讲一些孩子气的故事时，婴儿就会微笑。当然，有一些婴儿第一次出现条件反射的时间比较晚，在40至80天之间。

·阴茎勃起

婴儿出生时，就有可能出现这种现象，且会伴随其一生。我们还不太了解引起阴茎勃起的刺激源，但可以肯定一点，婴儿出生时，大人抚摸其生殖器或是无意识的憋尿行为，都有可能成为阴茎勃起的主要刺激。此时的刺激，属于无条件反射。随着婴儿的成长，这种无条件反射也会变成有条件反射，就如同承认在视觉刺激或触觉刺激下，也会勃起一样。所以，无论是男人还是女人，都能在一定的刺激代替物的影响下推动情欲高潮，如词语、声音、视频等。

人到了多大年龄，勃起会成为一种条件反射呢？这个问题至今也没有定论，通常认为这种行为可以发生在任何年龄。实验显示，年龄只有1 岁的小女孩，也会发生自慰行为。这名女婴当时坐在水盆里玩，当她抓起肥皂时，无意间用手指接触到了自己的阴道口处，女婴立刻放下了肥皂， 开始揉搓阴道口，脸上露出了笑容。男婴也会出现相同的反应，有关病例显示，有一名4岁的男孩经常会骑在妈妈和保姆身上，当母亲和他一起睡觉时，他的阴茎就会勃起，并会摆动和吮吸母亲的乳头，用阴茎蹭母亲的身体。

·手足的运动

我们给婴儿的脚挠痒，或是用一根火柴刺激婴儿的足底，他的大脚趾会向上翘或外伸，其他脚趾会向下缩或屈伸，我们把这种现象称为“巴宾斯基反射”。还有许多婴儿，在刚出生时可以作出成人做不到的动作，比如，将婴儿的脸朝下放在坚硬的地板上，他们可以轻松地做出脸朝上、背朝下的翻身运动，期间会伴随着啼哭。他们提拉双膝，把肌肉大范围地缩紧，然后再放松，慢慢地、一阵阵的痉挛会让他们翻转，最后身体几乎相当于侧躺的姿势。这种简单的反射大概会持续几周或几个月，最后，婴儿学会用少量的肌肉力量快速翻身。

·寻乳

我们用手轻轻碰触婴儿的嘴角或脸颊，他的头会转向受刺激的一边，且会伸出舌头想去吸吮东西。如果妈妈把婴儿抱在怀里，他们会自动寻找妈妈的乳头喝奶。寻乳反射通常在孩子3到4个月大、眼睛能够注视物体时消失。

· **吸吮**

把手指或妈妈的乳头放入婴儿口中，不需要他人教导，婴儿就会自动含住，有规律地吸吮。婴儿做这样的反射动作，自主地寻找乳头的位置，自动吸吮奶水，为的是满足身体所需。这一条件反射通常在婴儿半岁后，就不复存在了。

· **惊吓**

惊吓反射，是指受到突然出现的响声或动作的刺激，如把婴儿的头部稍微抬高，然后突然放下，或是突然发出巨响，婴儿为了保护自己，会把四肢和手指伸直并向外张开。惊吓反射在婴儿3到4 个月时消失。

· **踏步**

踏步反射是指，当实验者扶着婴儿的两只胳膊，让他保持直立状态，并让婴儿的脚接触地板，身体轻微前倾时，婴儿会有双脚左右交互行走的动作，就像走路一样。

这是原始步行的反射动作，这种反射在婴儿2个月左右时会逐渐消失。

· **眨眼**

当某个物体触碰婴儿的眼睛，或是有风吹进婴儿的眼睛时，他们会不由自主地把眼睑闭上。不过，当一个快速飞过的球，或是剧烈晃动的手出现在他们眼前时，他们并不会“眨眼”。通常情况下，新生儿出生100天后才会出现眨眼反射，且一生都不会丧失这种动作。

04. 摒弃“本能”之说

通过大量的论证和实际观察，我们完全有理由相信，不能再用“本能”来对心理学的名词进行解释了。在对婴儿早期成长过程的观察中，我们已经发现，即便是很多简单的动作，也存在习惯因素的作用。当我们对照詹姆斯的本能理论，以及他列举的“本能表”，或是其他类似的“本能表”时，就会发现，婴儿在他们列举的这些所谓的“本能”行为还没有出现时，就已经在习得反应上特别娴熟了。既然习惯的因素在很早之前就已经参与到婴儿的行为反应中了，那么，詹姆斯的“本能表”里的行为，又如何能够作为非习得的资质呢？

我们观察婴儿的成长过程，发现他们的任何一种行为都存在一段生发史。虽然孩子一出生就会出现微笑的反应，但没过多久，他们就能建立条件反射，如见到母亲就会微笑，而后对声音刺激、图片刺激也会作出反应。待他们再长大一些，又会对某个词语、某种生活情境作出微笑的反应。在这个过程中，微笑的对象、与谁在一起，都会决定微笑的反应。把早期的训练放到一边，单纯对本能进行探讨，这是与事实相悖的。

在一些教育宣传中，有人提倡“让孩子发展内在的天性”，提出“自我实现”“自我表现”“野性”“挖掘孩子的潜能”等主张，事实上，这些词会严重误导公众。而且，这些有误导性的词汇，大都来自于那些孤僻的、漠视环境作用的、喜欢捕捉自我意识的人。那些发明“意识流”“潜能”“本能”等词语的人，可能还没有意识到，他们正试图让人离开自然和社会环境，希望人在自己的个人世界里去理解整个世界。

然而，这可能吗？人作为一个接受刺激、并对刺激作出反应的有机体，离开了环境的作用，就像种子离开了土壤，根本无法建立个人习惯。人与社会之间没有有效的刺激，人的许多功能都会丧失，如个人的语言、记忆、运算、逻辑、情感、秩序的组织。这样一来，传统心理学的建设根基就彻底坍塌了。他们如此热衷于用“内省”“本能”等词汇去探讨心理学，反复强调人一出生就具备一切后天习得的资质，根本看不到环境、“刺激—反应”的作用机制。

一切复杂的行为，都源自简单反应，加之环境刺激的作用。为了让大家更清晰地了解这一行为心理学理论的核心原则，我们需要引入“活动流”的概念。

05. 人类的非习得资质

我们才刚刚开始研究人类的非习得资质，对婴儿进行其出生时及出生后的阶段性观察，就让我们发现了所有已在临床神经学中建立起的信号或反射，如膝跳反射、瞳孔对光的反应，以及其他神经反射机制。婴儿出生后，先啼哭，然后才会产生呼吸、心跳和血管的收缩、舒张，以及脉搏的跳动。依靠消化系统，我们又发现了吮吸、舌部运动和吞咽的现象，饥饿时会出现胃部痉挛的现象，消化过程中会有腺体反应和排泄，而微笑、打喷嚏和打嗝的行为，有一部分也是受消化系统控制的。

婴儿在成长的过程中，不断出现躯干的活动。我们观察到，婴儿的手臂、手腕、手指，时刻都是活动的，他们的双腿、脚踝和脚也如是。即便是在睡着的情况下，受到外界的一些刺激，它们也会产生活动。人在眨眼、伸手抓东西、爬行、站立、坐直、走路、奔跑、跳跃等活动上，观察能力受到了极大的限制，很难区分哪些活动是非习得的，哪些活动是经受训练和条件反射形成的。不过，有一点可以肯定：在婴儿早期的活动上，大部分的活动都源自结构生长的变化，只有少部分源自训练和条件反射。

06. 引起婴儿啼哭的情境

婴儿为什么会啼哭呢？琼斯夫人为了把这个问题弄明白，特意组建了一个实验小组。这个小组中包括9名儿童，年龄从16个月到3岁不等。这个实验是在赫克希尔基金会里进行的，实验者暂时安排那些孩子住在那儿，他们之前都没有离开过家庭。琼斯夫人对9名儿童进行了跟踪调查，调查时间是从孩子早晨醒来到晚上入睡。琼斯夫人做了非常详细的记录，其中包括孩子的每一次微笑、每一声啼哭，以及微笑和哭泣的准确时间， 以及两者对孩子行为产生的后果。

琼斯夫人经过观察，在尚未发表这些观察结果时，把实验过程的记录给我看了。她依据儿童啼哭的次数，对引起儿童啼哭的情境进行了排列，具体如下。

1. 被迫坐在马桶上时，孩子会啼哭。
2. 拿走孩子的玩具后，他们会啼哭。
3. 给孩子洗脸时，他们会啼哭。
4. 让他们一个人在房间里待着，他们会啼哭。
5. 大人离开房间时，孩子会啼哭。
6. 没有如愿地把某种东西玩到令自己满意时，孩子会啼哭。
7. 想跟大人或其他孩子玩，但未能如愿；或是独自玩耍时，没能让他们关注自己并与自己交流时，孩子会啼哭。
8. 穿衣服的时候，孩子会啼哭。
9. 没实现被大人抱起的愿望时，孩子会啼哭。
10. 脱衣服时，孩子会啼哭。
11. 洗澡时，孩子会啼哭。

12. 当大人为其擦洗鼻子时，孩子会啼哭。

事实上，很多情境都会引发孩子啼哭，大约有100多种，我们上述罗列的这12种，只是引起啼哭反应的常见情境。我们可以把孩子在这些情境中所作的反应视为无条件的或条件的愤怒反应，如1、2、3、6、10、11、12种。此外，5、7、9这几种情境的反应，我认为有点像爱的条件反应中接近悲哀情境的反应。换而言之，这种悲哀情境打破了孩子对物体或人形成的依恋，让他们失去了可依赖的人和物，所以才会出现啼哭反应。

琼斯夫人指出，在许多情境中，孩子的啼哭都与条件反射和无条件反射的恐惧反应有关。比如，大人让孩子玩滑梯，而他们却一直站在台子上。在上述的分类中，4、5的情境就带有一点恐惧反应的成分。

对这些反应进行分类时，有一个问题需要注意，那就是孩子为什么啼哭？啼哭有可能是一些集体因素引起的，如孩子感到饥饿、困倦、腹痛，或是遇到其他一些类似的情况。琼斯夫人在做了很多观察后发现，孩子的啼哭多半发生在上午9点到11点之间，她认为，孩子此时啼哭的原因，很大程度和这一时间段孩子机体的内部原因有关。考虑到这一点，该研究机构在午餐之前，会让幼儿休息两次。这一安排，使得由机体因素产生的幼儿啼哭次数明显减少了。

第12章

人体的生理反应：外部刺激与行为变化

一切本能活动的主要任务……在于引发学习的过程。

——约翰·华生

行为心理学家通过刺激—反应的方式来解决社会问题，刺激引起的反应为他们提供了大量的数据资料，再从引起既定反应的刺激中建立刺激源的数据，有了这套数据资料，行为心理学家的研究势必会对我们的社会发展有巨大的贡献。

行为心理学家相信，科学地依据刺激—反应的方式去研究社会现象，并以此为基础建立起的社会学的结构和知识，才是真正的社会学。华生的 S–R 理论认为，有机体的行为完全能够用刺激与反应的术语来解释，可以抛却有机体内部的状态，因为这部分是虚幻的。所以，该理论的公式也是 S–R。

在华生看来，学习的实质是形成习惯，而习惯是通过学习达成一个目的，即将遗传对刺激作出的散乱的、无组织的、无条件的反应，变成有组织的、确定的条件反应。为此，他提出了学习的两条基本规律。

01. 有效的刺激情境

刺激—反应是行为心理学研究的核心，但之前从来没有人深入地研究过这一问题，甚至没有人朝着这个方向做过努力，因此我们在这方面无从考究。行为心理学的第一个任务，就是组建一个庞大的数据库，这个数据库里存放着行为心理学家通过客观实验的方法收集的各种关于刺激—反应的资料。在观察这些刺激—反应的同时，行为心理学家也会观察刺激的不同呈现方式，会如何影响有机体的反应，如单独呈现或复合呈现。测试过程中，我们可以改变刺激的显现方式，如刺激的强度、刺激作用的时间，这些都是可以被操作的，我们可以通过它们，来对有机体的反应进行观查。

我们可以进行这样一个实验：如何把一位沉睡中的母亲最有效地唤醒？ 我们找到一位正在自家院子里小憩的母亲。我们用正常的语言跟她说话，但她没有表现出任何反应。这时，她家院子里的狗开始狂吠，但她依然沉睡着。不过，狗的叫声惊醒了屋子里的婴儿，婴儿开始啼哭。这时，令人惊讶的一幕出现了，这个沉睡中的母亲立刻就清醒了，并快速地跑向孩子的卧室。之后，我们可以适当地重现这个实验过程，计算出唤醒母亲沉睡意志的婴儿哭声的强度和作用的时间，或者，我们还可以对其他母亲进行测试，通过数据统计和逻辑分析，得出一个准确的结果。当然，这只是一个假设，我们强调的是行为心理学研究过程中的科学性和严谨性。

值得庆幸的是，虽然前辈们从来没有尝试过用科学的方法去研究人的行为，可纵观人类的历史，我们的祖先还是给我们留下了最朴素的宝贵经验。上面的例子，就可以用“婴儿最轻微的哭声也能唤醒一位沉睡的母亲”这个谚语来形容。

也许你会觉得，上述的实验只是人为地复制了一下现实生活，简单又拙劣，实际情况远比它要复杂得多，且没有人能够如此好地控制情境和刺激。没关系，我们现在就顺着这个思路往下走，回到现实中。社会的正常轨道都是希望朝着好的方向发展的，这一点恐怕没有人会质疑，就拿企业调动员工的积极性来说，我们可以设立各种各样的激励制度来吸引优秀的人才为企业效力，比如住房补贴、良好的工作环境、休息环境等。我们使用这些刺激的目的，无非就是为了引起员工积极的反应。

行为心理学家的研究初衷也是如此，为了能让某种好的反应可以在社会上更好地派上用场，行为心理学家也需要通过复制这个反应，继而确定到底什么情境才能够引起这种特定的反应。站在难以解决反应的角度来看，行为心理学的研究也是有效的，即为了让某种不良的反应可以从社会上消除，我们也需要在实验室里重复这个反应，以确定这个不良反应的刺激情境。

比如，我在讲台上讲课时，下面有人快要睡着了，他们虽然很想睁开眼睛、振作精神，可还是埋下了头。这样的情况每天都在发生，只要我们待在这个房间里半小时，就会有人昏昏欲睡。有人会觉得，听众之所以快要睡着，肯定是讲座太无趣了。有些人在理解这一问题时，侧重于从科学、客观的角度，他们会觉得，这多半是因为房间里通风不好。在一个密闭拥挤的房间里，这么多人都在呼吸，消耗氧气，呼出的二氧化碳越来越多，这种对我们的健康有害的气体，才是令人瞌睡的元凶，如果持续的时间足够长，还有可能引发人的死亡。

这样的分析听起来是合情合理的，我们暂且不去讨论密闭的时间足够长到底会不会令人死亡，我只是对二氧化碳含量上升是导致瞌睡的直接原因这一猜想充满质疑。对此，我们已经做了相关的实验，在这里不再详述大量烦琐的实验过程，我直接把研究结论告诉大家：打瞌睡的原因，并不是因为二氧化碳的含量升高，而是因为在这个密闭的空间里，人的皮肤与衣服之间的热量在增加。如果我在屋里放两三台电风扇，让密闭空间的空气流通起来，就能消除人的睡意。所以，行为心理学对刺激—反应的研究，不但能够把那些能够引起好的反应的刺激情境有效地向社会推广，还能在社会中消除并控制那些会引起不良反应的刺激情境。

02. 刺激的替代

有关用刺激—反应来解决心理问题的合理性，我们已经反复谈过，今后不再多说。接下来，我们用字母S来代表刺激或复杂的刺激情境，用字母R来代表反应。

我们之前说过，刺激是一种无处不在的客观影响力，反应是有机体为了适应刺激而准备随时引发的一种固定不变的行为方式。我们可以再回顾一下这句话，可能会发现一些问题。在上一篇中我们谈到，有些刺激第一次开始作用时，并不会让有机体产生任何的反应，我们也可以肯定，这个刺激今后也不会产生作用。不过，一种刺激本身无法令人产生应激反应，不代表它无法令人产生应激反应，前提条件是，只要我们懂得刺激替代这一事实。

举个例子，当光亮照射在我们手上时，我们的手无动于衷，可如果在实验过程中，让被试看到这束光的同时，用小幅度的电击刺激他的手，他立刻就会把手缩回去。用相应的频率反复作用几次，我们再次用灯光照射被试的手，他就会立刻作出缩手的反应。在这个实验中，刺激替代的事实就发生了，本来不足以引起被试反应的刺激，却让他产生了应激反应。当然，这个现象建立的基础是，对照明光没有形成条件反射。我们将其称为“刺激的条件化”，虽然这种表述可能不太准确。

与条件反射相对应的是无条件反射。某些刺激可以把有机体与生俱来的反应激发出来，如光线照射眼球，人的瞳孔会关闭，眼球会来回转动；再如膝跳反应、口中含酸会分泌唾液等。尽管人有很多种无条件反射，可与条件反射相比，它依然是少量的。在准备一篇长论文时，我们要考虑词语的甄选、段落的连贯性、严谨性，这个过程中所作出的反应全是条件刺激的结果。人对生产工具的使用反应，是最具有代表性的条件刺激的结果。不过，条件刺激和非条件刺激的总数量，都没办法进行统计。

刺激替代，或称为刺激的条件化，让有机体作出反应的刺激范围增大。我们可以在一种刺激使有机体作出反应的同时，对有机体施加另一种刺激，用来替代原有刺激对其的作用。我们在讨论刺激—反应的相关问题时，一定要先弄清楚一个问题，这个刺激到底是无条件刺激，还是有条件刺激？无条件刺激，就是会引起先天反应的刺激，比如光线照射眼球后瞳孔的收缩反应；条件刺激是发生了刺激替代的刺激，比如我们天生只有在吃到酸性的东西时才会分泌唾液，可当我们熟悉了这个刺激之后，只要听到、闻到、想到酸性的东西，就会分泌唾液，这个过程刺激就被替代了。

03. 反应的替代

上一节我们谈到了刺激的替代，现在我们来讨论一下反应的替代。

要理解刺激的替代并不难，大家都比较熟悉，可对于反应的替代，许多人可能一下子想不出来。不过，实验已经告诉我们，反应的替代贯穿有机体成长的全过程，即一生都会存在。我们不妨来看一个例子。

有一只猫，曾经使一个孩子引起了爱抚、亲昵的反应，可是今天，这只猫却让这个孩子感到紧张害怕、开始尖叫、躲在大人的身后。期间，肯定发生了一些事情，才会出现这两种大相径庭的反应。后来，我们了解到， 这只猫之前在跟孩子玩耍的过程中抓伤了他，导致其皮肤流血，所以孩子的反应就发生了变化。

猫带来的视觉刺激并没有改变，可孩子作出的反应却变了，这就是反应替代的实例。从研究的角度来看，刺激替代和反应替代同样都有重要的意义，可如果从解决社会心理问题的角度来看，反应替代的研究价值远远高于刺激替代的研究价值。我们生活的环境所施加的刺激通常都是持久的，我们就生活在这些一成不变的生活情境中，如家庭环境、人际关系、工作环境等，要替换这些环境和社会关系的牵制，代价实在太大，可能是人类无法承受的。生活中，有需要照料和体贴的父母、妻子、孩子， 还有来自人际关系上、工作上的各种各样的刺激。固定的生活圈让我们忽略了反省，也懒得去反省，结果在面对这些持久性的刺激时，我们只能一次次地作出加深彼此的伤害的反应。我们对这些刺激的反应是失败的、对抗的，而这些失败的反应会破坏我们的本质，会使我们精神变得不正常。这个问题的指向意义很深刻，那就是我们能否在不改变客观环境的条件下（刺激替代），改变我们对这些刺激的反应（反应替代），让我们都能在自己的生活环境中作出良好的、健康的、和谐的反应？那样的话，对反应替代的研究就寄托于我们的子孙后代上。

不过，在现有的实际研究工作中，研究员并不太关心反应替代，而是更关心刺激替代。反应的抑制和条件反射一样，都是十分重要的，但我们也不得不忍痛做出取舍。

04. 建立全新的反应机制

了解到反应替代研究的重要性之后，我们接下来要关注的就是，如何在生活中建立全新的反应机制？

从生理结构上讲，人在出生时就已经形成神经联结，所以在婴儿期之后，人脑中不可能再有新的通路，这些非习得反应在生活中对成人的影响，也就可以视而不见了。不过，在适当的刺激下，这些简单的、无条件的反应，却可以重新整合，形成复杂精密的条件反应。数千种非习得的反应，如手指、手臂、眼睛、脚趾和腿的动作等，会因为条件反射，让我们形成有组织的、习得的反应，我们将其称为“习惯”。

这些对刺激作出无条件的、扩散的反应，是怎样形成一连串有节制的条件反应的呢？

我们用白鼠进食的实验来说明一下。实验之前，我们让白鼠先饿一天，接着我们把食物放进一个铁丝笼里。白鼠想吃到东西，就必须要打开铁笼上的门闩，可它之前从来没有这样做过。按照常理来说，此时这个刺激应该会激发白鼠各种先天的、非习得的反应，比如围着笼子转、咬铁丝、把鼻子探入笼子缝隙里去、用爪子抓铁丝笼、抬起头向笼子周围嗅一嗅，等等。这些反应中，已经包含了打开铁丝笼需要的一些反应，即走上前、抬头、用爪子拉门闩、爬进笼子吃东西。如果这个实验进行多次，白鼠在这些大量无条件的反应中，就会逐渐知道如何开启门闩，之后那些和开门闩无关的反应就不存在了。在学术上，为了解决问题而从无条件反应中确立起来的反应，被称为新的或条件化的反应，即我们常说的习惯。

在习惯养成的领域内，内省主义者和行为心理学家都进行了多方面的研究，如习惯养成的因素、习惯的正确性、习惯的持续性、习惯的重塑等问题，有许多学者曾经研究过习惯形成的问题，且掌握了大量的数据资料，但依然没有人从实验性问题中发现习惯养成的公理。到现在，还有很多人说，习惯的养成和刺激—反应的条件反射之间的关系并不明确。可是，在我看来，这两者之间的关系没有什么不明确的，也许是我把这个问题简单化了。当我们讨论习惯时，刺激通常都是不变的，因此习惯的养成就是一种条件反射的建立，就像我们在路上对红绿灯的反应，又如我们早上六点半起床的反应，再如我们使用工具的反应。作为对固有刺激既定的反应形式，习惯决定了刺激在这个过程中是恒定的，我们只能够从非条件、非习得的反应中，去建立全新的条件反应。

05. 腺体反应中的刺激替代

前面我们提到过，有机体对刺激所作出的反应来自腺体和肌肉两个组织。安雷普博士是巴甫洛夫的学生，他曾指出，唾液腺是人体组织中的独立器官，不同于人体肌肉系统中的其他器官那样是混合起来的，这个腺体的活动比其他肌肉的活动更容易分级。所以，我们在实验中，通常把唾液腺作为测试对象。

把食物放进人的嘴里，就是引起唾液腺反应的原始刺激。刺激替代的研究最关心的问题，就是想看看，能否不用原始刺激的方式就能让有机体的唾液腺产生分泌反应，比如用几何图形、简单的声音、身体的触碰，或者某个符号等原本不能引起唾液腺分泌反应的刺激物。

刺激替代方面的研究，在动物领域远比在人类领域进展得深入。俄国生理学家巴甫洛夫和他的学生主要研究条件反射，他们是用狗作为实验对象来展开研究的。

首先，给狗的腮腺管开一个小口，用管子连接起来通向出口，以便让唾液腺分泌出的唾液从这个管子里流出去，而不再回流到口腔。同时，把管子和测试仪器连接起来，测试唾液的滴数。实验过程中，狗和实验人员要隔离开，以便排除实验者带来的视觉、听觉和嗅觉上的刺激，让实验结果更加精准。整个过程中，实验员对刺激的利用，全是在狗所待的房间以外进行的。

研究发现，如果我们让条件刺激和非条件刺激（能引起唾液腺分泌反应的刺激）同时出现，或是把条件刺激放在非条件刺激前面，两种情况都可以产生刺激替代作用，且能够快速建立起条件反射。可是，如果把非条件刺激放在条件刺激的前面，就无法产生条件反射。大量的实验结果表明，只有把条件刺激放在非条件刺激之前，并经过20到30次的组合运用，才能产生条件反射，施加两个刺激的前后时差，可以控制在5秒到5分钟以上不等。

我们继续讨论狗的条件反射实验。现在，如果我们想用触觉刺激来促进条件反射发生，那就可以在狗进食前，对其腿部施加一点触觉刺激，然后过一会儿再施加无条件刺激。过不了多久，触觉刺激（条件刺激）就会像狗食（无条件刺激）一样，让唾液腺产生分泌反应。至此，我们得到了另一个完整的刺激替代的实例。我们可以通过这种刺激替代，去测试一个动物对感官刺激作出反应的范围。

刺激替代的实验，在许多领域都有实用价值。只要我们想测试某种动物对感官刺激作出反应的范围，就可以按照这个程序来实验。假如，我们已经有了一只可以对光线做出条件反射的狗，现在，我们就可以通过缩短刺激光线的波长，直至它不再对光线作出反应，来测试它对光线波长作出反应的范围。这样的话，我们就界定了狗在较短波长中可以作出反应的范围。同样，我们也可以增加刺激光线的波长，重复这一实验过程，测试出狗在较长波长中作出反应的范围。依照这个程序，我们还可以测试狗对听觉刺激作出反应的范围。已经有研究者发现，相比人类，狗对于音频作出反应的范围更大，这些研究都是以刺激替代为基础的。

06. 腺体反应的分化

所谓腺体反应的分化，是指动物腺体在同一种感官刺激的作用下，对感官刺激的不同范围作出不同反应的分化现象。我们还是以狗的唾液腺分泌为例。在这里，我先提出一些问题：我们能不能让狗在听觉刺激的作用下，对不同的音调作出不同的反应？就比如说，让狗对音调A作出条件反射，对音调B不作出反应？

实验结果显示，狗真的可以对极小的音高差别作出准确的分化反应。然而，有些研究者却提出，这一结论是错误的。上述事实的前提是，一定要在实验过程中严格限制不同音调刺激的使用，也就是说，务必在给狗喂食之前使用音调A，且必须在不喂食的情况下使用音调B。只有这样，才能得到我们想要的结果。

这一方法也适用于对其他感觉领域的测试，如狗对气味、光线波长、触觉的差异等作出的分化反应。对狗的唾液反射的研究，让我们更清晰、更深刻地认识了刺激替代。

1. 条件反射的建立和习惯的建立一样，都有不稳定性，不是持久的。假设我们已经通过刺激替代建立了一种条件反射，且每次施加条件刺激都能作出反应，但如果事后我们撤掉非条件刺激，不久之后，条件反射就会消失。不过，日后只要重复过去的实验过程，依然可以快速重建。我们在对狗的唾液腺分泌反应的测试中发现，建立起条件反射的狗，在时隔两年后，经过几次强化实验，又恢复成了原来那样。

2. 在实验过程中，可以通过让替代的刺激更加稳固和精细，从而让其他同类的刺激不再引起条件反射。比如，我们让狗对某个音调产生条件反射后，它对其他任何音调都不会引起同样的反应。

3. 掌握刺激程度，可以让反应程度产生变化。如果实验者想增加反应程度的话，可以选择适当地增加刺激的程度。我们发现，如果在后来的实验中，一种能够引起条件反射的连续刺激被中断了，也会导致反应程度的增强。

4. 刺激替代能够实现对反应的积累效应。比如，我们通过实验，已经建立起狗对声音和颜色的条件反射，在后来的实验中，我们可以同时提供这两个刺激，狗分泌的唾液滴数会明显增加。

5. 条件反射是可以消退的。前面我们提到过，缺乏条件刺激的实施，会让条件反射消退。我们也可以反其道而行，让条件反射消退，那就是快速地重复施加刺激。不过，这种消退现象主要是因为实验对象过于疲劳。

实验结果显示，一只可以对声音和颜色都作出条件反射的狗，如果在视觉刺激引起的条件反射消退后，通过听觉刺激，它依然可以产生条件反应。

07. 人对刺激替代的反应

我们前面的实验都是以狗为测试对象进行的，由于实验条件的限制，我们没有办法在人身上做一个开口手术。所幸，K. S. 拉什利博士研制出了一台小型的仪器，能够对人的唾液分泌反应进行测试，它是一个直径和五分钱硬币一样大的圆盘，结构设置很精巧，圆盘中间有一个槽，可将盘内的空间分成两个互不连通的小室。每个小室都有通向外部的细小导管，一个用来把唾液引出口腔外面做测试用，另一个连接抽吸器，让圆盘处于部分真空的状态，以便保证被试正常的吃饭和睡眠。

有了这台仪器后，我们就能在人身上进行对唾液腺的测试了。实验结果显示，人对刺激替代作出的反应，与狗的反应没什么不同。这就如同，把一个装满酸性液体的滴管放到人的面前，人的唾液腺不会因为眼睛看到了滴管就开始分泌唾液，但如果把这个滴管里的酸液滴入人的口中，人今后再看到这个滴管时，很快就会分泌出唾液。在此，我们不仅建立了唾液的条件反射，且扩大了唾液反应的刺激范围。

在这里，我们不禁对“内省”提出质疑：动物腺体条件反射的过程，与所谓的“观念联想”几乎没有任何关系，腺体也不是在意愿的控制下才开始或停止分泌活动的。既然如此，那么“内省”是如何发生的呢？

再回到我们前面的话题上来，其他腺体是否也能够形成条件反射呢？巴甫洛夫和他的学生以及其他的一些研究者已经证实，胃腺和其他内脏腺体就跟唾液腺一样，也可以形成条件反射。虽然我们没有对其他的那些管道腺进行条件反射的实验测试，但它们与这些腺体形成条件反射的机制是一样的，只要把非条件刺激和条件刺激的顺序安排好即可。还有一些特殊的腺体，比如甲状腺、肾上腺、松果腺等无管腺体，它们是否可以形成条件反射，我们目前无法进行测试。不过，在情绪反应中，条件反射的形成和全身的腺体作用都有密切关系，无管腺在其中也跟其他的腺体一样发生了条件反射。我们有充分的证据可以证明，在形成条件反射的情绪反应中，肾上腺和甲状腺发挥功能的节奏发生了明显的改变。

08. 其他反应中的刺激替代

生活的经验告诉我们，通常视觉或听觉上的刺激很难引起我们的反应，但能够引起手臂、躯干、手指、腿部等横纹肌的条件反应的刺激，是能够实现替代的。比如，通过划伤、摩擦和电击等刺激，能让原本并不会令人看到它们就产生反应的事物，在有了之前施加的刺激的情况下，引起手臂、手指等横纹肌的反应。再比如，我们听到电子蜂鸣器响起并不会引起身体上的任何反应，可如果把它跟电击结合起来，每次蜂鸣器响起时，就对被试的手施加轻微的电击，反复多次后，被试再听到蜂蜜器的响声时，手就会形成条件反射，立刻缩回。

在整个人体反应领域中，能引起喜怒哀乐等情绪反应的无条件刺激，也可以被替代。我们之前的实验结果显示，在条件反射领域内已经证明了能引起情绪反应的原因是刺激数目的不断增加，这恰恰是因为它们对内脏组织产生了作用，这是不需要情绪引导和人为控制的。这些实验已经排除了情绪内省理论的需要，可即便如此，后来的内省主义者还是坚信他们的理论，不厌其烦地去阐述，就好像情绪内省理论真的存在一样。

其实，刺激替代的研究，完全不在内省主义者的研究领域内，他们无法驾驭这些反应。事实也证明，内省主义的心理学研究方向是空洞的、匮乏的，在今后的论述中，我们会证明它不过是一种错误的观念，供讨论人体反应时所需，算不得真正的心理学研究方法。

09. 左利手和右利手

关于用手的习惯，行为心理学家也做过深入的观察。我们相信，在社会因素还没有真正向人施加它的影响力时，我们左右手分工的问题，其实并未形成明确的分化。在孩提时代，我们接受的社会训练不多，可以随便地使用左手或右手；当我们有了一定的自理能力后，大人就会提醒我们："你要用右手""你该用右手拿笔""用右手拿刀叉""用右手与人握手"等。在很多场合中，我们会不自觉地创造使用右手的条件，就像有人在抱起孩子的时候，习惯性地为孩子的右手腾出空间，让他能用右手与人告别。就这样，社会的影响不断地刺激我们左右手的使用分化，久而久之，就形成了强大的条件反射。

如果你问我：为什么我们习惯用右手？这个问题，恐怕要追溯到原始社会了。人类靠打猎为生的时代，由于心脏在人体的左边，我们的祖先需要用左手举着盾牌来保护心脏，用右手去攻击、投掷，去承担一系列复杂的工作。按照这个历史渊源来说，就很容易理解为什么我们习惯用右手了。不是人类在脱离狩猎时代后，用右手书写文字和书稿才发挥了作用，事实上，它们很早就已经开始发挥作用了。在整个人类文明的进程中，武器的锻造、服装的剪裁、文字的书写，以及各种各样的手工制品，都依赖于人们的右手。

有人曾指出，历史上不少名人都习惯用左手书写，因此他们得出一个结论：左利手的人更有智慧。于是，他们就想改变使用右手的习惯。可是，在我看来，如果这种习惯在成长早期就已经建立起来，且处理方法很得当，那么就不会有什么负面的影响。同样，对于想要纠正那些抗拒社会压力的执拗分子，坚持使用左手办公的人，我们也应当秉持同样的态度。

如果到后期再去纠正孩子使用左右手的习惯这一问题，就会有很大的难度，还会影响孩子的心智。我们的表达能力，是一种在书面上把行动转译成语言、在肢体上将语言转译成行动的能力。如果我们强制性地让一个左利手的人使用右手，或是强制一个右利手的人使用左手，很可能会让孩子的心智退行到其六个月时的水平。这个过程就相当于一个对表达能力持续侵扰的过程，由于语言和用手习惯已经形成长期的条件反射，肢体上的使用受到限制，必然会影响表达能力。让一个孩子重新建立起使用另外一只手的习惯，就等于让他重新用肢体建立表达的习惯，用表达建立用手的习惯，这无疑是让孩子退回到婴幼儿时期。所以，老师和家长在向孩子施加这些影响时，一定要理性，无论是态度还是方法。

行为心理学家认为，手的使用问题不能被视为本能，也不能归因于生理因素。左右手的使用分化，实则是因为社会环境的影响而形成的条件反射。这就很容易理解，为什么有些人能够完全使用左手，有些人能够左右手混用了，其实这都是在成长过程中建立起来的条件反射。

10. 行为心理学家看人体构造

如果你熟悉生理学和解剖学，就一定会知道，人体在这两个学科里是被分开进行研究的。我们需要弄清楚，消化系统、循环系统、呼吸系统和神经系统各是什么？然后在这些系统中分别去研究其中的各个器官。

不过，行为心理学的研究角度却与之相反，他们是从整体的行为反应上去研究人体的构成。行为心理学家关注的是整个有机系统的协调运作，而不是局部器官的活动。在此，每个器官功能方面的知识就显得不那么重要了，哪怕行为心理学家不太了解这方面的知识，对他开展研究工作也没有太大影响。不过，补充一下生理学的有关知识，对行为心理学家也是有帮助的。

人体结构的精细程度，比现在人类创造的所有事物都要复杂得多，它具有计算、规划、表达、构架等能力，但无论它具备的能力怎样多，依然有其局限性，如人类的奔跑速度是有限的，可以举起的重物负荷是有限的，存活的时间是有限的，等等。人体可以处理许多事物，但其本质跟机器没什么差别，器官机器中只要有一个部件发生问题，就会导致整个机器无法正常运作。在内省主义者看来，人体的中枢神经系统是很神秘的，可对于行为心理学家而言，他们对神经系统的关注程度，远远比不上对人体横纹肌、胃部平滑肌和腺体的重视程度。正因为此，他们才遭到了内省主义者的指责。从客观上讲，神经系统和肌肉腺体一样，都是人体的一个组成部分，它能够让肌肉和腺体在刺激下作出更快速、更协调的反应，没什么神秘可言。受神经系统的影响，一个正常人在身体受到刺激的情况下，会迅速作出反应，可动植物没有神经系统，对于触摸、光线、声音刺激的反应就显得不那么敏感了。神经系统很像一个传感器，能够把来自外界的刺激信息迅速传递到反应器，也就是肌肉和腺体上。介绍这些内容，就是希望行为心理学家也能够重视神经系统，而不仅仅将其作为一个器官来看待。

现在我们已经知道，人体组织由细胞和细胞组成的器官构成，细胞是构成生命物质的微小单位，只能在显微镜下看到，它的外面覆盖着一层细胞核。细胞内含有一团细胞质，这是一种很复杂的化学物质，里面包含多种不同类型的微粒。研究发现，四种不同类型的细胞以及它们构成的基本组织，通过不同的组合方式，形成了人体的各个器官，如心、肝、脾、肺、肾、皮肤、肌肉、腺体等。

假如我们想构造一个人体，且有不同种类的细胞可供我们使用，我们要如何展开这项工作呢？第一步我们要先做人的表皮，把一些细胞组成覆盖在人的表面，在一些特殊部位对细胞的组织结构进行改变，以便我们能够对手、脚、头发进行分辨。还有一些像眼角膜的结构，我们需要对组织中的细胞进行更换，以便能让它透光。为了构建消化系统，我们还需要一些细胞来组成内管和内墙，让它们形成消化道，即嘴、舌、胃、小肠、大肠。我们还需要细胞来构成血管和脑内通道，然后把这些组织整合成为腺体的结构。当各种细胞组成了一个个器官后，我们要对其进行简单的分类，如分为感觉器官、反应器官、神经系统器官等。行为心理学家之所以研究器官，是为了间接地了解刺激。下面，我们列出一个表格，大家可以更直观地了解人类的感觉器官。

感觉器官	感受到的刺激
视觉—眼睛	轻微的震动
听觉—耳朵	空气的传播

嗅觉—鼻子	各种小颗粒（气态物质）
味觉—舌头	有味道的固体或液体
肤觉—皮肤	冷、热、暖、寒、刺割、灼烧
动觉—肌肉	肌肉与肌腱位置的转变
平衡—耳朵	头部或颈部位置的改变

另外，行为学家还需要设计管状腺、甲状腺、甲状旁腺、肾上腺、发声腺等腺体。如果有人问：为什么要学习这些内容？很简单，行为心理学不单单是一门心理学，也是一门自然科学。研究人体构造的目的，是为了后续的实验研究，但我们对于这些内容的学习不必太深入，毕竟对行为心理学家而言，它们只是一种研究工具。

附录：约翰·华生的生平事记

·1878年1月9日，约翰·华生出生在美国南卡罗来纳州的格林维尔。他承认自己年幼时不是好学生，懒惰、好斗、不听话、学习成绩不佳，勉强升级。这种状况，到他进入当地的伏尔曼大学后才有所改变。

·1894年，华生进入伏尔曼大学，五年后获得文学硕士学位。之后，他到芝加哥大学攻读哲学博士，但在学习过程中，他对哲学的热情逐渐丧失，后在安吉尔的影响下，对心理学产生兴趣，并将神经学作为其第二副科。

·1903年，华生获得哲学博士学位，并结婚。直至1908年，他都在芝加哥大学做讲师。期间，他做了大量关于动物行为的实验，并开始形成行为主义方向的理念。

·1908年，华生到约翰霍普金斯大学担任心理学教授，并很快担任心理系主任。同年，他在一份讲义中，提到了如何让心理学研究更加客观化的问题。

·1913年，华生在《心理学评论》杂志上发表题为《行为主义者心目中的心理学》一文，正式宣告行为主义心理学的诞生，也标志着行为主义革命的开始。

·1914年，华生出版了第一本系统阐述行为主义的专著《行为：比较心理学导言》，在这本书里，他建立了初具规模的行为主义心理学理论体系。

·1915年，华生当选为美国心理学学会主席。

·1917—1918年，第一次世界大战爆发，华生入伍，在美国军事航空服务社担任少校。

·1918年，华生开始以幼儿为对象进行研究，这是以人类婴儿为实验对象的最早尝试。

·1919年，华生出版《行为主义观点的心理学》一书，书中运用巴甫洛夫的条件反射的概念，系统地阐述了他的行为主义心理学理论体系。

·1920年，华生进行了后来备受争议的阿尔伯特的实验。同年9月，他因和自己的研究生助手罗莎莉·雷纳的桃色丑闻，被迫辞去霍普金斯大学的职务。后来，他与妻子离婚，和罗莎莉·雷纳结婚。

·1921年，华生进入智威汤逊广告公司，三年后担任公司副总裁。

·1925年，华生的《行为主义》一书出版，这本书通俗地表述了华生的行为主义理论。

·1930年，华生对《行为主义》进行了修订。

·1935年，华生的第二任妻子罗莎莉·雷纳去世，享年36岁。

·1936年，华生成为威廉·埃斯蒂公司的副总裁。

·1947年，华生从商界退休，在康涅狄格州的一个农庄安度晚年。

·1957年，美国心理学会在授予华生荣誉的一段褒奖文字中，将其工作称赞为“现代心理学的形式与内容的极其重要的决定因素之一，是持久不变的、富有成果的研究路线的出发点”。

·1958年，华生去世，享年80岁。